《博士后文库》编委会名单

主　任　　陈宜瑜

副主任　　詹文龙　李　扬

秘书长　　邱春雷

编　委（按姓氏汉语拼音排序）

　　　　　　付小兵　傅伯杰　郭坤宇　胡　滨　贾国柱　刘　伟

　　　　　　卢秉恒　毛大立　权良柱　任南琪　万国华　王光谦

　　　　　　吴硕贤　杨宝峰　印遇龙　喻树迅　张文栋　赵　路

　　　　　　赵晓哲　钟登华　周宪梁

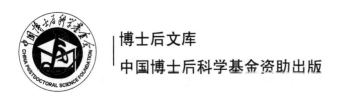

博士后文库

中国博士后科学基金资助出版

日冕极紫外波的产生和传播

汪红娟　林　隽　刘四清　杨丽恒　著

科学出版社

北　京

内 容 简 介

剧烈太阳活动发生时,尤其是日冕物质抛射爆发时,会在较短时间内抛射出大量高能带电粒子流,这些高能物质会对空间天气造成强烈扰动,对地球周围的空间环境产生巨大的影响。与这些太阳高能事件密切相关的日冕极紫外波是发生在太阳日冕层很壮观的扰动现象。本书对日冕极紫外波的产生及其传播进行细致新颖的研究分析,对该研究领域的最新研究和创新成果进行讲解和探讨。这对日地空间环境、日地关系和空间天气学的研究具有重大的现实意义。

本书的读者对象为对太阳物理和空间物理相关领域进行学习或研究的本科生、研究生及学者。

图书在版编目(CIP)数据

日冕极紫外波的产生和传播/汪红娟等著. —北京:科学出版社,2017.5
(博士后文库)
ISBN 978-7-03-053249-7

I.①日… II.①汪… III.①日冕极紫外波-产生传播 IV.①O123

中国版本图书馆 CIP 数据核字 (2017) 第 536704 号

责任编辑:刘凤娟 / 责任校对:邹慧卿
责任印制:赵 博 / 封面设计:陈 敬

科 学 出 版 社 出版
北京东黄城根北街 16 号
邮政编码:100717
http://www.sciencep.com
北京厚诚则铭印刷科技有限公司印刷
科学出版社发行 各地新华书店经销
*
2017 年 5 月第 一 版 开本:720×1000 1/16
2024 年 4 月第三次印刷 印张:8 插页:4
字数:156 000
定价:68.00 元
(如有印装质量问题,我社负责调换)

《博士后文库》序言

1985 年，在李政道先生的倡议和邓小平同志的亲自关怀下，我国建立了博士后制度，同时设立了博士后科学基金。30 多年来，在党和国家的高度重视下，在社会各方面的关心和支持下，博士后制度为我国培养了一大批青年高层次创新人才。在这一过程中，博士后科学基金发挥了不可替代的独特作用。

博士后科学基金是中国特色博士后制度的重要组成部分，专门用于资助博士后研究人员开展创新探索。博士后科学基金的资助，对正处于独立科研生涯起步阶段的博士后研究人员来说，适逢其时，有利于培养他们独立的科研人格、在选题方面的竞争意识以及负责的精神，是他们独立从事科研工作的"第一桶金"。尽管博士后科学基金资助金额不大，但对博士后青年创新人才的培养和激励作用不可估量。四两拨千斤，博士后科学基金有效地推动了博士后研究人员迅速成长为高水平的研究人才，"小基金发挥了大作用"。

在博士后科学基金的资助下，博士后研究人员的优秀学术成果不断涌现。2013年，为提高博士后科学基金的资助效益，中国博士后科学基金会联合科学出版社开展了博士后优秀学术专著出版资助工作，通过专家评审遴选出优秀的博士后学术著作，收入《博士后文库》，由博士后科学基金资助、科学出版社出版。我们希望，借此打造专属于博士后学术创新的旗舰图书品牌，激励博士后研究人员潜心科研，扎实治学，提升博士后优秀学术成果的社会影响力。

2015 年，国务院办公厅印发了《关于改革完善博士后制度的意见》（国办发〔2015〕87 号），将"实施自然科学、人文社会科学优秀博士后论著出版支持计划"作为"十三五"期间博士后工作的重要内容和提升博士后研究人员培养质量的重要手段，这更加凸显了出版资助工作的意义。我相信，我们提供的这个出版资助平台将对博士后研究人员激发创新智慧、凝聚创新力量发挥独特的作用，促使博士后研究人员的创新成果更好地服务于创新驱动发展战略和创新型国家的建设。

祝愿广大博士后研究人员在博士后科学基金的资助下早日成长为栋梁之才，为实现中华民族伟大复兴的中国梦做出更大的贡献。

中国博士后科学基金会理事长

自 序

太阳爆发是发生在太阳大气中的迅速而激烈的能量转换和释放的现象，也一直是太阳物理学研究的热点课题。它的发生会对行星际空间甚至地球周围的空间环境 (空间天气) 造成剧烈扰动，并可能直接影响到我们人类的生存环境。爆发过程中产生的高能带电粒子和向外高速抛射的磁化等离子体能引起地球磁场和电离层的强烈扰动，导致短波无线电通信中断、供电系统损坏、空间飞行器发生故障、宇航员安全受到威胁等。我们不能控制太阳，但是可以通过研究太阳爆发的基本特征和内在的物理因素，了解爆发过程的机制，研究它什么时候发生、在什么地方发生、对空间天气有可能产生什么样的影响，从而事先采取相应的规避措施，减少甚至避免因太阳爆发给我们造成的损失。因此，研究太阳爆发不但具有非常重要的科学价值，而且还有极其明显的实用价值。

在太阳爆发过程中经常可以观测到向四周传播的极紫外 (extreme ultraviolet, EUV) 波，它是太阳爆发过程中迅速变化的日冕磁场结构对太阳中高层大气剧烈扰动的结果。因此，EUV 波的起源和传播与爆发的磁场结构关系密切，通过研究 EUV 波，可为我们提供很多爆发磁结构的重要信息，帮助我们了解和反推爆发前的磁场结构的相关信息，为我们研究太阳爆发的前兆以及触发机制提供有利的依据，对建立太阳爆发的物理预报模型具有重要的参考价值。其次，EUV 波在冕震学的研究方面有重要应用价值。通过研究 EUV 波的传播特征，可以帮助我们对整个日冕的磁场和等离子体状态做出诊断。利用 EUV 波的特征和性质，还可以间接获取日冕大气中一些难以直接测量得到的物理参量，如阿尔文速度和磁场强度等，而这些参量非常有助于我们正确理解和认识发生在日冕大气中的各种复杂物理过程。此外，EUV 波还可以帮助我们理解日冕加热和高速太阳风的加速过程。由于在太阳爆发过程以及对周围环境的扰动的研究方面的重要意义，EUV 波受到了太阳物理学家的特别重视。

本书的主要内容在基本观点上具有开拓性，在国际上首次提出 EUV 波的起源包含了太阳爆发过程中产生的慢模激波的贡献的观点，取得了若干原创性成果，受到了国际同行的普遍关注；随后又进一步指出 EUV 波起源的复杂性，强调了除慢模激波之外还有其他扰动源的 EUV 波多因一果的特点，将探讨 EUV 波的起源与物理本质的工作推到了一个更高的水平和阶段。在研究方法上，本书将理论研究、数值实验以及观测检验紧密地联系在一起，将各方面得到的结果进行对比分析，为深入研究 EUV 波的产生机制和传播特征提供了有效途径。本书不仅提供了 EUV

波理论和观测研究的背景介绍, 还对所使用的数值实验的方法进行分析, 对今后的类似研究和实验具有较高价值的借鉴作用。本书内容安排系统, 逻辑性很强, 层次清晰, 观点明确, 为国内在太阳物理和空间物理领域学习的学生和学者提供了很好的参考。

林　隽

2017 年 1 月

前　言

本书主要研究分析日冕极紫外波的产生和传播过程，这是太阳物理和空间物理研究的重要内容之一。本书适用于对太阳物理和空间物理相关领域进行学习或研究的本科生和研究生。

作为宇宙中对我们最为重要的恒星，太阳与我们人类的生存和发展息息相关。同时，作为离我们最近的一颗恒星，太阳又给我们提供了研究恒星活动及其物理机制的唯一机会。当剧烈太阳活动事件发生时，尤其是日冕物质抛射 (coronal mass ejection, CME) 爆发时，会在较短时间内抛射出大量高能带电粒子流，这些高能物质会对空间天气造成强烈扰动，对地球周围的空间环境产生巨大的影响，与这些太阳高能事件密切相关的日冕极紫外波是发生在太阳日冕层的很壮观的扰动现象。对日冕极紫外波产生及传播的研究为我们进一步了解和认识日冕物质抛射产生的物理环境和爆发机制提供了很好的切入点。

本书第 1 章介绍日冕极紫外波的研究内容、发展现况和目前亟待解决的问题；第 2 章对一个重要的磁流体数值模拟程序——ZEUS-2D 进行简单介绍和说明；第 3、4 章分别是在两种不同密度分布的背景场中，利用 ZEUS-2D 程序，数值研究日冕极紫外波的产生和传播过程；第 5 章介绍日冕极紫外波细节演化特征的数值研究；第 6 章利用观测资料，结合理论研究和数值模拟，分析一个日冕极紫外波的观测事例。

参加本书撰写工作的有汪红娟、林隽、刘四清和杨丽恒。书中涉及的日冕极紫外波的数值模拟部分由汪红娟、林隽和刘四清来完成；观测事例部分由杨丽恒完成。本书由汪红娟主编、修改、统稿和定稿，并由林隽研究员审阅。

限于编者水平，疏漏和不妥之处定然难免，恳请读者批评指正。

编　者
2017 年 1 月

目　　录

《博士后文库》序言

自序

前言

第1章　日冕 EUV 波研究概述 ···1

1.1　引言 ··1

1.2　日冕 EUV 波的观测特征 ···2

   1.2.1　日冕 EUV 波的形态 ··2

   1.2.2　日冕 EUV 波的运动学特征 ···4

   1.2.3　日冕 EUV 波的多波段观测 ···7

   1.2.4　日冕 EUV 波的三维结构 ··8

   1.2.5　日冕 EUV 波与日冕结构的相互作用 ····································13

1.3　日冕 EUV 波与太阳其他现象的关系 ·······································16

   1.3.1　日冕 EUV 波与 CME 及耀斑的关系 ····································16

   1.3.2　日冕 EUV 波与 II 型射电暴的关系 ·····································18

   1.3.3　日冕 EUV 波与色球莫尔顿波的关系 ····································19

1.4　日冕 EUV 波的理论模型 ··20

   1.4.1　快模波模型 ···21

   1.4.2　磁力线连续拉伸模型 ··22

   1.4.3　CME 侧翼驱动的连续磁重联模型 ··24

   1.4.4　电流壳模型 ···25

   1.4.5　慢模波模型 ···26

   1.4.6　孤立子波模型 ··26

1.5　日冕 EUV 波研究尚待解决的问题 ··27

第2章　ZEUS-2D 程序 ··31

2.1　基本求解方法 ··31

2.2　网格划分 ··32

2.3　具体数值算法 ··34

2.4　算法的稳定性和精确性 ··41

第3章　均匀大气中日冕 EUV 波的数值研究 ···································43

3.1　摘要 ··43

3.2　研究背景介绍 ··· 43

3.3　物理模型及计算公式简介 ··································· 44

3.4　计算结果 ··· 46

3.5　讨论和总结 ··· 57

第 4 章　等温大气中日冕 EUV 波的数值研究 ·················· 58

4.1　摘要 ··· 58

4.2　研究背景介绍 ··· 58

4.3　计算涉及公式及背景场处理方法 ··························· 61

4.4　计算结果 ··· 63

4.5　讨论和总结 ··· 74

第 5 章　日冕 EUV 波多分量细节演化特征的数值研究 ········ 76

5.1　摘要 ··· 76

5.2　研究背景介绍 ··· 76

5.3　物理模型及计算公式简介 ··································· 77

5.4　计算结果 ··· 78

5.5　讨论和总结 ··· 87

第 6 章　与日冕 EUV 波数值研究相关的一个 EUV 波观测事例分析 ·· 88

6.1　摘要 ··· 88

6.2　研究背景介绍 ··· 88

6.3　观测和数据分析 ·· 89

6.4　结果 ··· 91

　　6.4.1　日冕 EUV 波概述 ····································· 91

　　6.4.2　日冕 EUV 波与活动区环的相互作用 ·············· 95

　　6.4.3　日冕 EUV 波通过活动区 11264 和一个暗条通道 ·· 95

　　6.4.4　日冕结构的反射波 ··································· 96

　　6.4.5　一个极区冕洞的反射波激发的次级波 ············ 97

6.5　日冕 EUV 波的谱分析 ······································· 98

参考文献 ··· 103

编后记 ··· 115

彩图

第 1 章　日冕 EUV 波研究概述

1.1　引　言

20 世纪 90 年代，太阳和日光层观测 (the solar and heliospheric observatory，SOHO[1]) 卫星的极紫外成像望远镜 (the extreme ultraviolet imaging telescope，EIT[2]) 首次探测到在日冕中传播的大尺度波状扰动 (disturbance)[3]，其传播范围几乎覆盖了整个可见的太阳表面。因为这种现象最初是由 EIT 观测到的，Thompson 等 [4] 在研究 1997 年 4 月 7 日事件时，将其称为 EIT 波。后来，许多仪器在 EUV 波段都观测到类似的扰动现象，如日地关系天文台 (solar terrestrial relations observatory，STEREO) 的远紫外成像仪 (extreme ultraviolet imager，EUVI[5]) 和太阳动力学天文台 (solar dynamics observatory，SDO) 的大气成像组件 (atmospheric imaging assembly，AIA[56])。这一现象被称为 EIT 波，并不是因为只有 EIT 能看到，而是作为一种纪念。现在大家普遍将这种在极紫外 (extreme ultraviolet，EUV) 波段观测到的扰动称为 EUV 波。考虑到历史的原因，也照顾到参考文献的原文用词，本书将 EUV 波和 EIT 波等同使用。

提到 EIT 波，接下来必须要说到莫尔顿波。早在 20 世纪 60 年代，人们就首次在太阳色球中观测到传播于太阳大气中的大尺度的波状扰动，称之为莫尔顿波 [87]。这种莫尔顿波表现为弧形的明亮前锋，以速度大约 $1000 \ \mathrm{km \cdot s^{-1}}$ 的量级远离耀斑活动区传播。莫尔顿波是色球中的现象，但其传播速度比色球中的阿尔文 (Alfvén) 波速度大很多。为了解决这个问题，Uchida 提出莫尔顿波的日冕快激波起源模型：耀斑产生的快模激波在日冕中传播，其波前扫过色球，从而产生色球扰动，该扰动以日冕中的激波速度传播，因此比色球中的阿尔文速度快很多 [20]。这个模型成功地解释了莫尔顿波现象的特征和性质。实际上，莫尔顿波本质上不属于色球中的波动，而是日冕中的磁流体动力学 (magnetohydrodynamic，MHD) 激波向下扩张到色球引起的扰动。

EIT 波最初被认为是色球莫尔顿波的日冕对应物，并且利用快模波模型可以成功地模拟一些波事件 [22, 142]。但后来观测表明 EIT 波与莫尔顿波的特征很不一样。EIT 波表现出广泛的形态学特征 [133]，包括从锐利的莫尔顿波状前锋到弥漫且不规则的增亮。它们典型的传播速度为几百公里每秒，比莫尔顿波的速度要慢得多。EIT 波的速度范围分布很广，最慢的扰动只以几十公里每秒的速度传播 [24]，比日冕中的声速和阿尔文波速都要慢。一些 EIT 波前沿似乎停在冕洞 (coronal hole) 边界 [25],另外还有关于 EIT 波的波前转动的报道 [73]。

这些观测促使了一些 EUV 波模型的发展,得出的结论也逐渐清楚,但还没有确定的结论。目前有几种解释 EUV 波的模型:快模波 (fast shock) 模型 [97, 142]、磁力线连续拉伸模型 [28, 29]、连续磁重联模型 [30, 31]、电流壳模型 [25, 32, 73]、慢模波 (slow shock) 或孤立子波模型 [24, 33]。解释 EUV 波的物理机制可分为:波、非波、混合波。在上述的 5 种模型中,快模波和慢模波或孤立子波模型支持波的机制;支持非波机制的模型是连续磁重联模型和电流壳模型,认为 EUV 波不是真正的波;而磁力线连续拉伸模型则支持混合波机制,这个机制试图将前两种观点联系起来。磁力线连续拉伸模型预测 EUV 波有两个成分:一个较快,在前面传播;一个较慢,在后面传播。而较慢的成分并不是真正的波,这是一种混合波的观点。虽然 EUV 波的发现将近二十年了,但这些扰动的物理本质仍处在争论中。要确定哪个模型最接近观测需要集聚更多波事件的更多信息,并将这些信息与 MHD 数值模拟结合起来。

1.2 日冕 EUV 波的观测特征

1.2.1 日冕 EUV 波的形态

Thompson 等 [3] 第一次详细研究了日冕波现象,他们利用 EIT 195 Å 的数据研究了几个与 CME 相关的特征,包括爆发源区附近的暗区 (dimming),爆发后环的形成和从源区准径向传播的亮波前 (图 1.1)。Thompson 等 [3] 所讨论的每一个现象都与同一个爆发相关,不同特征的开始时间与由 SOHO/大角度光谱日冕仪 (large angle and spectrometric coronagraph experiment,LASCO) 图像推出的 CME 的开始时间一致。在后续的研究中,Thompson 等 [3] 提出日冕波可能是莫尔顿波的日冕表现,他们发现这些波的振幅相对较弱 (在背景之上 14%~25%),暗示日冕波可能在本质上不是激波。此外,波前是弥散的没有表现出明显的激波边界。根据波速和传播特征,他们得出结论称日冕波和莫尔顿波可能是相关的。

Wills-Davey 和 Thompson[35] 用过渡区和日冕探测器 (the transition region and coronal explorer,TRACE)[157] 171 Å 和 195 Å 波段的图像研究了一个日冕波。他们发现在 171 Å 波段可以看出磁结构的运动,而在 195 Å 波段可以看出一个强的波前和暗区,但难以分辨出磁结构运动。另外,他们发现波的传播是不均匀的,不同于 SOHO/EIT 经常观测到的近圆形波。Wills-Davey 和 Thompson[35] 给出波前加热的证据并通过比较 171 Å 和 195 Å 图像将波传播通过的等离子体的温度限制在 1~1.4 MK 内。根据波前的轨迹和速度变化,他们认为波包含一个压缩分量。通过测量波前截面上的密度变化, Wills-Davey[34] 给出该变化大体上是高斯型的, 表明该扰动是一个传播压缩波前。Veronig 等 [36] 发现波振幅在 40 min 内减小的确切证据, 在最大振幅时刻, 波前的外边缘最陡 (图 1.2), 这些观测为日冕波的波理论提供了强有力的证据。

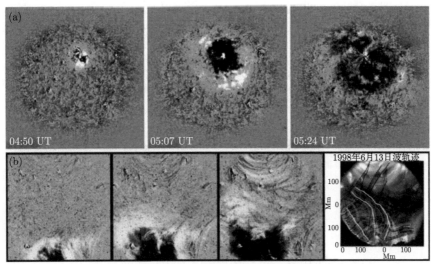

图 1.1　由不同仪器观测的两个日冕波的例子 [24]

(a)SOHO/EIT 的运行相减像观测发生于 1997 年 5 月 12 日的一个日冕波, Thompson 等 [3] 对其进行了详细研究; (b) TRACE 观测发生于 1998 年 6 月 13 日的事件, 图为固定相减像和测得的波前 [34]

　　日冕波本质为波的证据被 Delannée 和 Aulanier[73] 及 Delannée[25] 质疑。Delannée 和 Aulanier[73] 发现亮波前可以在同一个位置持续几个小时, 这为真波理论的不可信性提供了强有力的证据。他们报道了与附近磁结构 (如跨赤道环和源活动区) 相关的许多暗区, 认为这些特征与磁拓扑密切相关。这些分析导致 Delannée[25] 得出结论称与太阳耀斑驱动的波传播相比, 日冕波现象与导致 CME 的磁演化更相关。Podladchikova 和 Berghmans[37] 用自动运算法则来探测和研究日冕波, 他们给出日冕波转动的证据, 这个结果被 Attrill 等 [30] 所证实。Attrill 等 [30] 研究了两种典型的日冕波, 发现在日冕波过程中存在两种暗区, 一种是耀斑附近的中心暗区, 另一种是伴随日冕波扩张的弥散暗区。他们还发现了这些日冕波的一个新特征, 那就是它们表现出双增亮: 中心暗区最外边缘的持续增亮和构成日冕波前沿的弥散增亮 (被扩展的弥散暗区所包围)。与 Delannée[25] 的想法一致, 他们猜测该观测与一个弥散日冕波是 CME 磁足点的观点一致。有趣的是, Thompson 等 [97] 指出 MHD 波和磁场线打开两种理论均能解释 1997 年 9 月 24 日观测的许多特征。

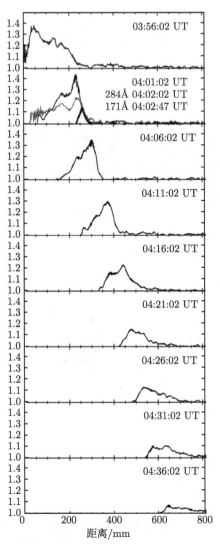

图 1.2　STEREO/EUVI 195 Å 波段观测的日冕波的脉冲强度轮廓

轮廓产生于运行相比像上 60° 宽的扇区沿纬向的求和。图像的时间分辨率为10 min。波发生后，脉冲最初随着振幅的增加而变陡。之后，随着波远离源区，人们可以看到振幅在减小，波轮廓加宽，尽管脉冲轮廓的积分面积随着时间的变化仍为常数 [36]

1.2.2　日冕 EUV 波的运动学特征

早期的观测报道日冕波有每秒几百公里的恒定速度 [3]。最初，日冕波的速度被发现超过估算的日冕声速，稍低于阿尔文波的速度。Thompson 和 Myers[38] 报道日冕波的速度范围很大，为 50~700 km·s^{-1}，尽管他们认为日冕波的典型速度范围为 200∼400 km·s⁻¹，这与 Klassen 等 [133] 报道的日冕波的典型速度 (170∼350 km·s⁻¹) 相当。Wills-Davey 和 Thompson[35] 在损失视场的情况下用较高时间分辨率的 TRACE 图像 (约 1 min) 确定了一些日冕波 (只是日冕波的一部分) 的速度，得到的速度是 200∼800 km·s⁻¹。日冕波观测速度的上限大于阿尔文速度使 Wills-Davey 等 [39] 认为快模 MHD 波理论符合这些观测数据。

利用 STEREO/EUVI 图像的三维重构，人们研究了日冕波运动的常速度模型 [41, 59]。Kienreich 等 [59] 发现日冕波在全球范围可见太阳大气中以常速度传播，速度为 263±16 km·s⁻¹。他们将波的动力学与相关 CME 的早期阶段相比较得出结论称波由 CME 的侧向膨胀触发之后以接近宁静太阳日冕内的快模 MHD 波速自由传播。Patsourakos 和 Vourlidas[42] 分析了同一个事件，发现波的运动学可以由一个加速度为 −25 m·s⁻² 的二次曲线很好地拟合。Veronig 等 [36] 进一步给出了日冕波常速度阐述的证据。通过分析边缘观测的一个穹顶状日冕波，他们发现日冕波的侧向膨胀速度约为 280 km·s⁻¹。此外，他们给出波穹顶以更快的速度 (约为 650 km·s⁻¹) 向上膨胀 (相对日面)。

许多作者发现常速度假设实际上与观测的日冕波的运动学不一致 [43−46]。Warmuth 等 [43] 用 EIT 195 Å波段观测了两个事件 (以 Hα 作为补充)，发现了一个非线性的速度轮廓，表示在观测的前 2000 s 内日冕波表现出非零加速。图 1.3 给出在 EIT 195 Å 和 Hα 波段很好地被观测到的一个日冕波的距离随时间的演化 [43]，细线和粗线分别给出了距离-时间数据的二次和幂率拟合，图中右下角的小图给出了由此产生的速度随时间的演化。该图明确表明距离-时间和速度-时间的演化均可以用常加速模型来很好地拟合，这导致 Warmuth 等 [43] 得出结论称日冕波和莫尔顿波是同种传播波前的信号。在一篇后续的文章中，Warmuth 等 [47] 用不同波段的数据 (EUV、He I 10830 Å、软 X 射线 (soft X-ray，SXR) 和射电数据) 研究了 12 个与耀斑相关的波事件，发现不同波段的波有相似的运动学曲线，这意味着它们是相同的物理扰动。另外，他们发现在所有研究的事件中，波在所有波段上均有减速，这可以被用来解释莫尔顿波和日冕波视速度的不同。同时，他们得出结论称这些观测可以用自由传播的大振幅单峰 MHD 激波来解释。类似地，Vršnak 等发现日冕波在 He I(10830 Å) 和 Hα 的色球图像上减速的证据，它们的减速度在 100∼1000 m·s⁻² 的量级，这种减速在 SOHO/EIT(195 Å) 波段的图像上也被观测到。

Long 等 [46] 用 STEREO/EUVI 时间分辨率为 2.5∼10 min 的数据研究了发生于 2007 年 5 月 19 日的一个日冕波的不恒定速度。他们发现由一个脉冲产生的日冕波在四个波段 (304 Å、171 Å、195 Å 和 284 Å) 有相似的运动学特征，但每一个波段的运动学都与常加速度的假设不一致。在 304 Å 波段，他们发现日冕波在它发生的 28 min 内表现出一个速度峰值 (238±20 km·s⁻¹)，加速度从 76 m·s⁻² 变化到

$-102\ \mathrm{m\cdot s^{-2}}$。在 195 Å 波段也观测到类似的速度和加速度，但在时间分辨率较低的 284 Å 波段速度和加速度的值比较低。在较高时间分辨率的 171 Å 波段，速度变化很大，在波产生的 20 min 内速度的峰值为 $475\pm47\ \mathrm{km\cdot s^{-1}}$，加速度从 $816\ \mathrm{m\cdot s^{-2}}$ 变化到 $-413\ \mathrm{m\cdot s^{-2}}$。171 Å 波段较高的时间分辨率 (2.5 min 相对于响应温度类似的 195 Å 波段的 10 min) 被发现对波的速度和加速度有重要的影响，速度和加速度分别增加了 2 倍和 10 倍，这些结果表明先前测量的日冕波的速度可能是个下限。值得注意的是，171 Å 波段的日冕波从接近静止到快速运动的过程导致波发生不久速度就明显地快速上升。另外，利用 304 Å、195 Å 和 284 Å 波段有限的数据点得到的日冕波的速度和加速度存在很大的不确定性。但如果用数值差分方法 (根据拉格朗日多项式展开) 来得到这些波段的速度和加速度，又可能加强了数据点上最初微不足道的趋势。Veronig 等 [45] 也分析了 STEREO 观测的 2007 年 5 月 19 日的事件，证明了日冕波在减速。他们建立了距离-时间切片，对该切片进行线性拟合得出平均波速为 260 $\mathrm{km\cdot s^{-1}}$，与 Long 等 [46] 的结果相当；对该切片进行二次拟合产生了一个 460 $\mathrm{km\cdot s^{-1}}$ 的初速度和一个 $-160\ \mathrm{m\cdot s^{-2}}$ 的常减速度。速度演化表明波减速，波在早期的速度高达 400~500 $\mathrm{km\cdot s^{-1}}$，比 Klassen 等 [133] 报道的典型速度 (170~350 $\mathrm{km\cdot s^{-1}}$) 稍快，这是因为 Veronig 等 [45] 和 Long[46] 等都采用了更高时间分辨率的 STEREO/EUVI 的数据。

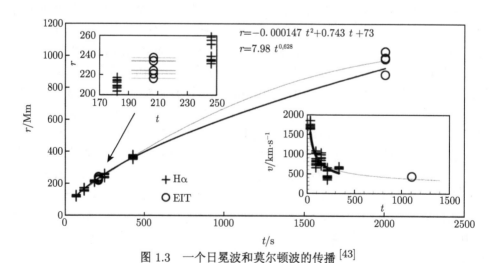

图 1.3　一个日冕波和莫尔顿波的传播 [43]

在曲线左上的小图中，一个放大的图像给出 Hα 波前和 EIT 日冕波前的关系；粗线和细线分别给出幂率和二次拟合；曲线右下的小图给出 Hα(十字) 和 EIT(圆圈) 速度随时间的变化

人们也曾报道过更复杂的日冕波运动学，如静止波前，这很难与波模型一致。例如，Zhukov 等 [48] 报道了一个几乎对称的波前表现出一个奇怪的速度轮廓，这个速度轮廓是采用两种独立的方法得到的。波在一个很短的时间内以 100 $\mathrm{km\cdot s^{-1}}$

的速度传播，然后在大约 30 min 内以一个很低的速度 (20~40 km·s^{-1}) 运动，最后再重新加速到大约 200 km·s^{-1}。这样的观测结果使人们很难理解一个自由传播的日冕波是如何造成这样的速度变化的。但是，Zhukov 等 [48] 表示这可能是爆发暗条的行为。爆发暗条曾被观测到表现出间断的运动学演化 [49]。静止波前也曾在冕洞边界被观测到 [50]。

1.2.3　日冕 EUV 波的多波段观测

　　EUV 波的第一次多波段观测是由 EUVI 完成的，EUVI 在 EUV 的四个不同波段 (171 Å、195 Å、284 Å 和 304 Å) 分别观测同一个 EUV 波 [45, 46, 52]，时间分辨率为 2.5~20 min，得到的主要结果是 EUV 波在 195 Å 波段的观测最好，195 Å 波段的峰值响应温度是 1.5 MK。EUV 波在其他波段的观测都比较弱。

　　AIA 进一步研究了 EUV 波的多波段观测，它可以提供七个波段 (94、131 Å、171 Å、193 Å、211 Å、335 Å 和 304 Å)12 s 时间分辨率的观测。AIA 的观测表明 EUV 波在 193 Å、211 Å 和 335 Å 波段的观测最好，这几个波段的温度范围是 1.0~2.5 MK(图 1.4)。另外，EUV 波在 171 Å 波段 (冷日冕波段) 有时表现为强度减弱，即暗波前。171 Å 波段的暗波前和 304 Å 波段弱的亮波前表明波信号来自日冕 (即线心为 303.32 Å 的 Si xı线)，而不是过渡区 (即 He ıı线)，这被 Patsourakos 等 [52] 和 Long[51] 等讨论过。

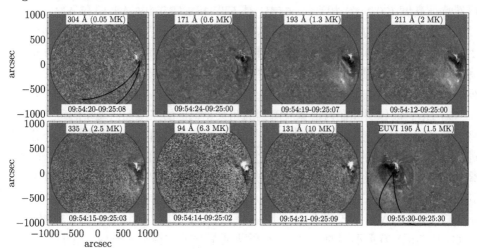

图 1.4　AIA 在七个 EUV 波段观测的发生于 2010 年 8 月 4 日的一个 EUV 波
(arcsec 为角秒)[51]

Schrijver 等 [53] 采用 AIA 的温度响应方程模拟了 2011 年 2 月 15 日的一个 EUV 波的强度变化，他们假设观测的强度变化只由于绝热压缩。他们发现 AIA 的观测与温和 (mild) 等离子体加热和压缩一致，是一种等离子体加热 (warming) 类

型。估算的密度和温度增加分别是 10% 和 7%，但波等离子体允许的温度范围是
1.2~1.8 MK。

　　Kozarev 等 [54] 和 Ma 等 [55] 分析了 2010 年 6 月 13 日的一个 EUV 波的多波
段观测，该事件与一个 II 型米波射电激波相关。Kozarev 等 [54] 用 AIA 七个波段
对 EUV 波发生前和发生期间进行微分辐射量 (differential emission measure, DEM)
分析，他们发现在波发生期间温度的 DEM 增加超过了事件前 DEM 的峰值温度
(≈1.8 MK)，这意味着等离子体既被加热又被压缩。假设没有温度变化，他们发现
密度增加的下限范围是 12%~18%。Ma 等 [55] 由动力学射电谱推出相关激波的压
缩率 (1.56)，由 AIA 数据得出波速。他们将这些参数代入跳跃条件下的垂直 MHD
激波，发现下游等离子体被加热到约 2.8 MK。另外，他们发现电离时标与不同波
段 EUV 波的观测时标大体一致，表明观测的 EUV 波是一个激波。

1.2.4　日冕 EUV 波的三维结构

　　STEREO 两颗卫星的多视角观测结合 SOHO 或太阳动力学天文台 [56] 的卫星
观测能够给出 EUV 波的几何特征和三维空间的波 ——CME 的关系 (包括它们的
侧向膨胀)。

　　Patsourakos 等 [52] 用 STEREO 的观测数据对发生于 2007 年 12 月 7 日的一
个 EUV 波进行了三角测量，得出波前的高度约为 90 Mm，这与温度为 1.5 MK 的
日冕特征高度 (70 Mm) 相当。1.5 MK 是 EIT 和 EUVI 195 Å波段和 AIA 193 Å波
段的特征温度，这可能是 EUV 波在这个波段的观测最好的原因。上述的高度实际
上是一个辐射高度，也就是大部分波辐射起源的地方，起源于较高高度的波辐射
将很弱，可能不可见，因为 EUV 辐射对密度有较强的依赖，而密度随高度下降得
很快。

　　对 EUV 波包层和在内日冕观测到的相关 CME 的三维几何模型的研究有助于
将波和 CME 的关系研究清楚 [42, 52, 57]。为了研究它们，人们需采用两个分离较
远的视角，最理想的两个视角是：一个视角可观测到日面边缘外或接近于日面边
缘的波，另一个视角可观测日面上的波。Thernisien 等 [58] 的三维几何模型用来得
到 EUV 波和相关 CME 的三维拟合，然后将它们投影到日面上 (图 1.5)，结果显
示 EUV 波和 CME 的投影在空间上有偏移且大小不同，这说明两者可能相关 (波
在 CME 前面) 但是不同的实体。这个结果明显与非波模型不一致。在非波模型中，
波和 CME 在空间上是耦合的。

　　当 STEREO 两颗卫星的夹角为 90° 时，EUV 波和 CME 关系的终极测试变
为可能。该事件发生在 2009 年 2 月 13 日，源活动区位于 STEREO-B 图像的日
面中心，位于 STEREO-A 图像的东边缘 (图 1.6)。这是同时测量波 (日面视角)
和 CME(边缘视角) 运动学最理想的观测条件 (图 1.7)。人们发现波和 CME 最

初是共空间的但很快分离，波脱离 CME 的侧翼。通过分析该事件几个高度的边缘图像，Kienreich 等 [59] 得出相同的结论。他们发现 CME 的侧向膨胀的开始标志着日冕波的开始，膨胀开始于 90 Mm 的高度。这些观测行为表明一个最初以 250 km·s^{-1} 传播的驱动扰动 [42, 59] 最终变成了一个自由传播的 MHD 波。这些结果，尤其是波与 CME 前沿在空间上是分离的，已经被高时间分辨率的 AIA 观测到的几个事件所证实 [55, 60]。

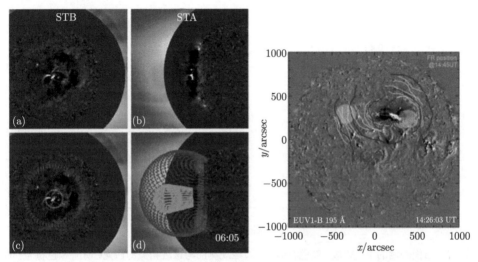

图 1.5　SECCHI 多视角的观测，EUV 波的几个模型和与之相关 CME 的对比
左图来自 Patsourakos 和 Vourlidas[42] 的文章 (2009 年 2 月 13 日的事件)；右图来自 Temmer 等[57] 的文章 (2008 年 4 月 26 日的事件)

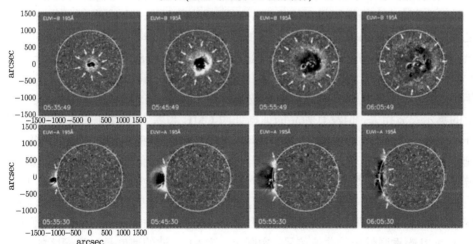

图 1.6　发生于 2009 年 2 月 13 日的一个 EUV 波的 STEREO 的正交观测
上图是 STEREO-A 由上面观测的一个 EUV 波和相关 CME，下图是 STEREO-B 从侧面观测的一个 EUV 波和相关 CME。这些图为中值滤波的运行相减像 [59]

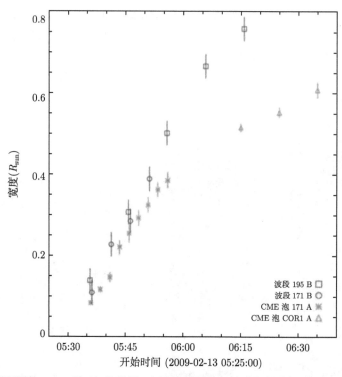

图 1.7   日面观测的 EUV 波 (红色符号) 和边缘观测的与该波相关的白光CME(绿色符号) 的
距离–时间曲线, 该事件发生于 2009 年 2 月 13 日 [42](后附彩图)

因此, CME 的前锋应该跟在 EUV 波的后面。但这些结果怎样与过去的报道一致? 过去, 有人报道了相反的行为 [61, 62] 或声称只有一个波前 [63, 64]。简而言之, 这些与之矛盾的报道是由于较差的波长和时间覆盖率导致对波前错误的辨识。只有两个报道称 CME 的前锋在 EUV 波的前面 (1998 年 8 月 8 日和 2003 年 12 月 3 日), 但由于缺乏 LASCO 和 EIT 波的观测, 它们都没有被很好地观测。在 2003 年 12 月 3 日的事件中, CME 的前锋被认为是软 X 射线的前锋, 而 EUV 波与 Hα 上的莫尔顿波相关, 但没有独立的证据证明 CME 和软 X 射线前锋是一致的。另外, 在这段时间内有很多软 X 射线活动, 由于耀斑辐射的原因, 这些活动很容易掩盖实际的 CME 前锋。对于只报道了一个波前的事件, 低时间分辨率可能影响了最终结果。Dai 等 [64] 实际观测了两个前锋的存在 (见他们文章中的图 4)。同时, 他们认为如果 EUV 波是 CME 驱动的真波, 那么它的速度应该与 CME 前沿的速度 (约 600 km s^{-1}) 相当, 但实际观测的 EUV 波速仅为 260 km·s^{-1}, 所以他们认为 EUV 波是磁重联导致的非波信号。实际上, 该 EUV 波的速度是远离源区的 MHD 波所期望的速度。由于观测资料的时间分辨率太低, 他们不能测量得到波在早期更高的速度。Attrill 等 [63] 做了一个预先的假设认为外边缘是 CME 的边缘。因此，他们没有找到 CME 和波最初共空间后分离 (当 CME 的侧向膨胀开始减速) 的证据。

有时完整的 EUV 波轮廓可以在侧向和径向分别被追踪出来。2010 年 1 月 17 日的事件就是这样一个例子 [36, 65](图 1.8)。穹顶状波在径向 ($\approx$650 km·s^{-1}) 的传播速度比在侧向 ($\approx$280 km·s^{-1}) 快，表明波在径向方向上仍然被 CME 驱动而在侧向方向上自由传播。但是观测的径向和侧向速度的差在理论上也可以被解释为是由于不同方向上不同的快模波速所导致的。Grechnev 等 [66] 用三维冲击波模型得出同样的结论，这个三维冲击波模型与日面和边缘的穹顶状波一致。

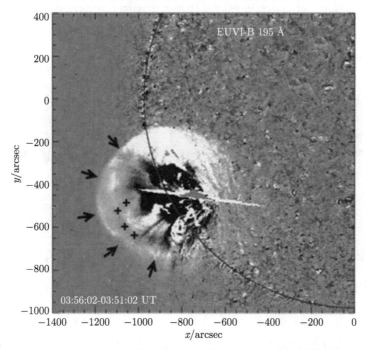

图 1.8 发生于 2010 年 1 月 17 日的一个 EUV 波穹顶的观测
箭头标记出波穹顶, 十字标记出 EUV CME[36]

日冕底部 CME 的侧向膨胀可以通过比较由 EUV 观测得到的中心暗区的质量 m_{dim} 和由白光日冕仪观测得到的相关 CME 的质量 m_{CME} 来估计。Aschwanden 等 [67] 发现 STEREO 观测的一系列事件有 $m_{\mathrm{dim}}/m_{\mathrm{CME}}$=1.1±0.2。因此，中心暗区能够提供足够的物质来与白光 CME 的物质相匹配。这些结果的必然推论是中心暗区可能与物质疏散有关。如果低日冕磁场打开的尺度超过中心暗区的尺度，我们可以得到比观测更高的 CME 质量，正如非波模型所提到的那样。

AIA 的极高分辨率为日冕波结构研究提供了新的信息。Liu 等 [68] 报道了第一个用 AIA 观测的 EUV 波。该波发生于 2010 年 4 月 3 日，其特点是多个分量在一系列爆发环前面运动, 这些爆发环导致了一个 CME。他们观测的一个弥散的波前与全球 EUV 波相关, 发现几个较锐利的波前在它后面运动。弥散的波前以约 200 km·s^{-1} 的常速度运动。两个锐利的波前, 一个以 80 km·s^{-1} 的速度运动, 另一个以 160 km·s^{-1} 的速度运动, 两个均加速, 甚至相互交叉 (如投影所见), 然后独立地传播 (图 1.9)。弥散波前的特征与真波理论给出的特征一致: 速度在宁静区快模波速的量级, 几乎各向同性地传播。另外, 膨胀环前面的压缩原则上可导致尖锐的波前。但是, 这个解释很难说明为什么在它们交叉后在它们前面又产生了另外一系列较弱的波前。产生这些锐利波前的其他可能性有: 一种是它们可能与 Li 等 [69] 发现的次级波有关, 另一种是它们可能就是太阳表面高度倾斜的环振荡的结果。值得人们注意的是 TRACE 给出了与 EUV 波相关的多个波前的第一次观测 [35, 128], 但它有限的视场不能追踪出这些扰动传播的距离。

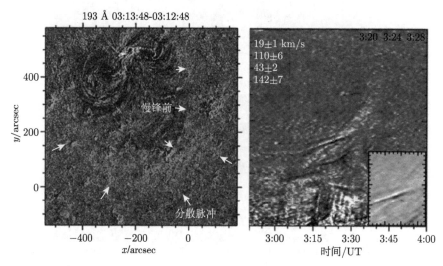

图 1.9   AIA 观测的发生于 2010 年 4 月 3 日的一个 EUV 波
左图给出了两个波前, 右图给出时间-距离切片图上给定方向上的多个交叉分量 [68]

Chen 和 Wu[71] 给出了 EUV 波表现出多个波前的另一个例子。该事件发生于 2010 年 7 月 27 日, 观测给出了两个波前: 一个快波前以 470~560 km·s^{-1} 的速度传播, 后面跟着一个较慢的波前以 170~190 km·s^{-1} 的速度传播 (图 1.10)。慢波前后来减速, 最终停在了距离源区一定距离的位置上。由势场外推得出波前停在磁场分界面的位置处。

这些例子可以用混合波理论解释。快波前与几乎常速度的线性快模波 [68] 或以更高速度传播的快模激波 [71] 一致, 里面的波前与爆发的膨胀环 (即非波) 相关。EUV 波在某点分离出两个波前的行为在日面上和日面边缘都曾被观测到。

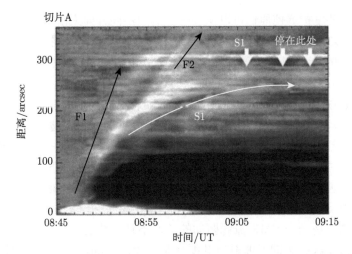

图 1.10　发生于2010年7月27日的一个 EUV 波的距离-时间切片，给出了两个分量的证据 [71]

1.2.5　日冕 EUV 波与日冕结构的相互作用

由于 SOHO/EIT 的低时间分辨率 (12 min)，日冕波与活动区和冕洞的相互作用很少被观测到。一些观测表明日冕波倾向于避开活动区 [4, 35] 传播，可作为静止波前停在活动区之间的分界面上 [29, 73] 或停在冕洞边界上 [3, 74]。在一些数值模拟工作中 [22, 75, 142]，人们将日冕波作为快模 MHD 波对待，数值模拟的结果显示日冕波会在媒介的特征速度出现强梯度的地方反射、折射和偏转。对于快模波速，强梯度出现在宁静区与冕洞和活动区的分界面上，这些地方的快模波速从几十公里每秒到几百公里每秒甚至几千公里每秒 [76, 142]。当冕洞和入射波发生共振时，波将穿过冕洞 [76]。

用 1 min 分辨率的 TRACE 观测，Ballai 等 [77] 给出日冕波有一个确定的周期和能量。小波分析的结果显示日冕波的周期大约为 400 s，这为日冕波的周期波本质提供了强有力的证据。从日冕波激发横向日冕环振荡出发，假设日冕波将能量全部传给了振荡环，Ballai 等 [77] 用下列公式估算了日冕波的最小能量

$$E = \frac{\pi L(\rho_i R^2 + \rho_e/\lambda_e^2)}{2} \left(\frac{x_{\max} - x}{t_{\max} - t} \right)^2 \tag{1.1}$$

其中，L 是环的长度，R 是环的半径，ρ_i 和 ρ_e 是环内和环外的密度，$x_{\max}$ 是发生在 $t_{\max}$ 时刻的环的最大偏转，x 是发生在 t 时刻的偏转。对于典型的日冕值，这给出了日冕波的最小能量约为 3.4×10^{18} J，相当于一个纳耀斑的能量。

Veronig 等 [79] 用 Hα 的图像来补充一个日冕波的 EUV 观测，克服了缺乏全日面高分辨的 EUV 观测的缺点，用来研究莫尔顿/日冕波与一个冕洞的相互作用。

莫尔顿波的大角度扩展使他们可以从极区冕洞的不同方向来研究波的运动学特征。尤其是,他们发现垂直于冕洞边界方向上的波停止了,这与日冕波以前的观测结果一致[4]。有趣的是,Veronig 等在冕洞内 100 Mm 内观测到波信号 (在波与冕洞边界垂直的方向上)。

STEREO/EUVI 观测的第一个日冕波资料有更高的时间分辨率 (在 171 Å波段为 2.5 min)。Long 等[46] 和 Veronig 等[45] 分析了该日冕波,他们发现日冕波遇到源活动区西南方向的冕洞时表现出反射和折射。Gopalswamy 等[72] 进一步研究了该事件,主要集中在波和附近冕洞的相互作用和它明显的反射方面 (图 1.11)。他们发现反射波速与入射波速明显不同,入射波的速度约为 384 km·s^{-1},根据传播方向的不同反射波速度的变化范围为 200~600 km·s^{-1}。Gopalswamy 等[72] 得出结论称该日冕波是一个 CME 流绳驱动的波而不是非波过程导致的增亮。另外,他们认为与该日冕波相关的米波射电 II 型暴是快模激波的证据,这个快模激波一定是 MHD 波变陡形成的。由于 Gopalswamy 等[72] 采用了运行相减像,Attrill[80] 对于报道的反射提出了质疑。然而,这个事件的反射波信号在直接像上也可以被观测到。

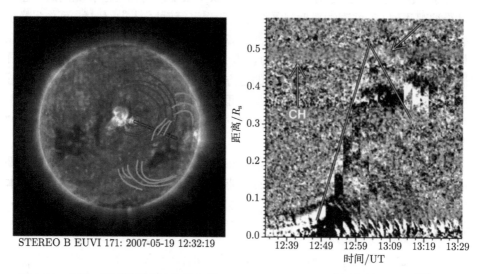

STEREO B EUVI 171: 2007-05-19 12:32:19

图 1.11　左图:不同时刻的波前叠加到 STEREO/EUVI 171 Å图像的示意图[72]。主波 (红色) 和反射波 (绿色) 被区分开,黑色矩形狭缝用来研究右图的波运动。右图:通过堆栈不同时刻矩形狭缝内的EUV 相减像得到的距离-时间切片,注意反射发生在 13:00 UT(如箭头所示)(后附彩图)

对于发生于 2011 年 2 月 15 日的 EUV 波,两颗 STEREO 卫星和 SDO 卫星第一次给出了覆盖 360° 的观测[78]。源活动区接近中央子午线,向东南和西南传播的波均被扩展的南极冕洞反射。另外，部分波透射过冕洞而不是被反射 (图 1.12)。波接近冕洞时的速度为 $760\ \mathrm{km\cdot s^{-1}}$，透射部分穿过冕洞的速度为 $780\ \mathrm{km\cdot s^{-1}}$，波反射或透射过冕洞后以 $280\ \mathrm{km\cdot s^{-1}}$ 较慢的速度传播。运动学行为可以很好地用真波理论来解释。一个初始的驱动波 (入射波) 到达冕洞，部分波被冕洞强的快模速度梯度反射。冕洞内较快的传播速度与冕洞内较高的快模波速相关；在宁静区传播的反射和透射波较慢的速度跟典型的宁静区快模速度一致。透射进入冕洞的波的速度非常快，说明 SDO 前的观测有可能错过了其他事件的类似的效应 (也就是说波穿过冕洞的时间只有 5 min)。波从冕洞边界反射和波透射入冕洞的观测很难与非波理论一致，因为 CME 的磁结构不能传播进入冕洞。有时候，人们也能够观测到莫尔顿波透射入冕洞的现象 [79]。

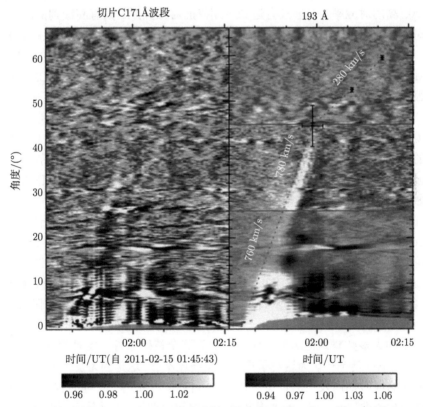

图 1.12　波反射和透射的 AIA-EUVI 联合观测。沿发生于 2011 年 2 月 15 日的 EUV 波的一个给定方向的时间-角度图。红点线是波的地面轨迹，两条水平红线定义了一个冕洞 [78]

(后附彩图)

1.3   日冕 EUV 波与太阳其他现象的关系

1.3.1   日冕 EUV 波与 CME 及耀斑的关系

目前人们已经很清楚日冕波与 CME 密切相关, 但是它们相关的物理机制仍不是很清楚。尽管 Thompson 等 [3, 4] 最早给出这两个现象的联系, 但日冕波的形态和运动学特征是如何在 CME 的演化框架下解释、它们能否被一个太阳耀斑脉冲所激发 [43] 等问题还存在争议。

Biesecker 等 [83] 通过对每个日冕波/质量分级 (quality rating) 和修正其他的观测误差, 分析了 Thompson 和 Myers[38] 统计目录中的事件。正如他们所预料的那样, X 射线耀斑与边缘发生的日冕波的对应关系很弱, 与日面上发生的日冕波有一个更高的对应率, 但远没有达到所期待的对应关系。只有高级别的波与 X 射线耀斑有一一对应的关系。他们指出尽管他们给出高级别的波有与大耀斑联系的趋势, 但没有证据显示在日冕波发生的时候有 GOES X 射线强度的脉冲增加。对于 CME, Biesecker 等 [83] 发现发生在中央子午线 60° 内的日冕波和 CME 的对应关系很弱。但当只考虑日面边缘 30° 内的日冕波时, CME 和日冕波有显著的相关性。实际上, Biesecker 等 [83] 得出的结论称: 如果一个 EIT 波被观测到了, 一定有一个 CME; 但是反过来并不一定对。该研究对日冕波的激波和冲击波理论提出了严峻的挑战。最近, 这些结果被 Chen[84] 的小样本统计分析结果所支持。为了确定日冕波是产生于 CME 还是耀斑的压缩波前, 他们研究了 14 个无 CME 的高能耀斑, 发现没有耀斑与日冕波相关。他们的分析指出日冕波和膨胀的暗区只出现在有 CME 的时候。因此, Chen[84] 得出结论称耀斑的压缩波前不可能产生日冕波。2009年, Chen[85] 用 SOHO/EIT 和 Mauna Loa MK-III 日冕仪的观测资料也得出类似的结论。根据这些分析, 他们表明日冕波/暗区是 CME 前面的暗腔的伴随物。

Cliver 等 [82] 用 SOHO/EIT 的观测数据对大尺度日冕波进行了统计研究, 他们发现大约一半大尺度日冕波与软 X 射线强度在 C 级以下的小太阳耀斑相关 (图 1.13)。他们的结果说明需要一个特殊的条件将与日冕波联系的耀斑和不与日冕波联系的大多数耀斑区分开。而人们认为这个特殊条件一定是存在一个相关的 CME, 但 Cliver 等 [82] 认为这对于探测日冕波还不够。这是因为发生于正面的 CME 的数量是这段时期内发生的日冕波数量的五倍。Cliver 等 [82] 同时也发现 CME 与日冕波的相关性随着 CME 的速度和宽度的增加而增加, 也就是说, 快而宽的 CME 与日冕波更相关。

Veronig 等 [45] 分析了一个与耀斑、爆发暗条和 CME 相关的日冕波事件, 认为 CME 膨胀的侧翼在有限的距离内驱动了波。他们发现与日冕波相关的耀斑很弱且发生的时间较日冕波晚, 认为耀斑不可能是该波的驱动源。他们同时也发现日冕波的运动学与 CME 前沿的运动学很不一样，波比 CME 慢并且减速。Veronig 等 [45] 给出了一张概要图 (图 1.14)，由以下几条曲线组成：① STEREO-A/EUVI 观测的日冕波的距离-时间曲线；② SOHO/LASCO 观测的 CME1 二次拟合外推的距离-时间曲线；③ STEREO-A/COR1 观测的 CME2 的距离-时间曲线；④ RHESSI 记录的耀斑的硬 X 射线流量；⑤ GOES 记录的耀斑的软 X 射线流量。由 EUVI 波运动学的二次拟合，他们估算了波产生的时间约为 12:45 UT。耀斑的 12~25 keV 的硬 X 射线流量在 12:50 UT 开始上升，在 12:51:30 UT 达到峰值。在这个时刻，他们已经观测到第一个 EUVI 波的波前。该时间差否定了波的耀斑驱动源的说法，因为波需要时间来积累能量从而触发一个能被人们观测到的大振幅波或激波。另一方面，爆发暗条的时间和方向表明波与第一个快 CME 密切相关，因为暗条 1 在 12:46 UT 从 Hα 滤光器上消失，而暗条 2 直到 12:55 UT 才消失。

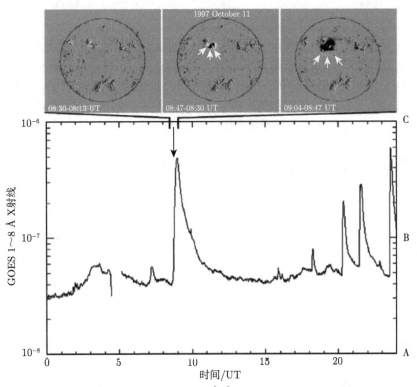

图 1.13　上图：EIT 运行相减像给出 Cliver 等 [82] 研究的发生于 1997 年 10 月 11 日的波的演化，白色箭头标出波的前沿。下图：1997 年 10 月 11 日的 GOES 1~8 Å 的曲线，箭头标出的波与一个 B4 级软 X 射线耀斑相关。右边空白处 A,B 和 C 表示 GOES 软 X 射线流量对应的耀斑级别

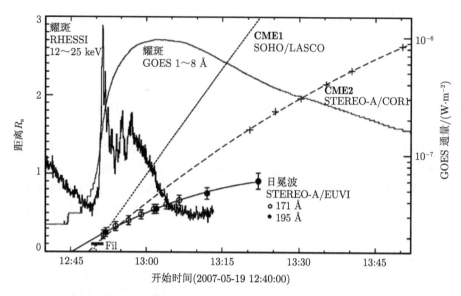

图 1.14　日冕波运动学 (圆圈标记出测量的距离, 实线为二次拟合线), 耀斑演化 (灰线为
GOES 1～8 Å 的软 X 射线流量; 黑尖线为 RHESSI 12～25 keV 硬 X 射线曲线),
STEREO-A/COR1 观测的 CME2 的运动学 (加号和二次拟合线) 和 SOHO/LASCO 观测的
CME1 的二次拟合向后外推的概要图。水平棒表示 EUVI 观测的快速暗条爆的开始,
该图来自Veronig 等 [45]

1.3.2　日冕 EUV 波与 II 型射电暴的关系

与日冕波相联系的射电暴主要是米波 II 型射电暴。人们注意到大多数耀斑 (不管什么级别) 都不一定伴随 II 型暴活动, 这意味着一定存在 II 型暴形成的其他条件 [86]。随着莫尔顿波的发现 [87], 人们发现米波 II 型射电暴与观测的耀斑 (莫尔顿) 波有很强的相关性 [88]。人们进一步的研究发现大约 70% 的观测的耀斑 (莫尔顿) 波与米波 II 型射电暴有关 [89]。另外, 射电暴的速度超过 (通常正比于) 相关的莫尔顿波的速度。

随着 SOHO 卫星的发射, 人们发现 90% 的 II 型射电暴与日冕波相关 [133]。当射电活动的源接近太阳边缘时, 米波 II 型射电暴和 CME 的相关性明显地增加 [83]。这种相关性对速度超过 400 km·s^{-1} 的 CME 会更高 [90]。II 型射电暴是在上层日冕中传播的激波的特征。由于平均的日冕波速 (290 km·s^{-1}) 刚好大于日冕声速, 所以人们认为这些波在低日冕中几乎沿垂直于周围磁场传播的快模 MHD 波 [91, 133]。

为了确定波的物理本质, Warmuth 等 [92] 综合利用 Hα、He I、SXR 和 17GHz 射电的数据资料, 研究了 12 个与耀斑相关的波事件。他们发现在不同谱波段有相同的运动学曲线, 暗示它们是同一种物理扰动。尤其是, Warmuth 等 [92] 发现波减速, 扰动轮廓加宽, 扰动振幅减小的证据。他们得出结论称该波是自由传播的快模 MHD 激波, 该激波形成于媒介中的大振幅扰动。该结论可以解释在不同波段观测到波的大部分特征, 包括与之相关的米波 II 型射电暴。

White 和 Thompson[93] 研究了 Nobcyama 射电仪观测的发生于 1997 年 9 月 24 日的日冕波, 发现该日冕波的传播速度为 830 km s^{-1}。他们认为 EIT 较低的分辨率可能使扰动速度被低估 2~3 倍。由于射电仪只有 17 GHz 和 34 GHz 的观测, 人们认为射电观测与光学薄的日冕观测相对应, 而不是色球观测。与 Warmuth 等 [92] 的结果相比, White 和 Thompson[93] 在 17 GHz 的射电图像上没有发现波减速的证据 (值得提醒的是 34 GHz 图像的信噪比太低而不能用来识别波)。

Vršnak 等 [94] 用宽带 Nancay 多频射电仪的观测资料研究了一个日冕 (莫尔顿) 波。他们发现波在 151~327 MHz 的范围内的射电辐射比与耀斑相关的 IV 型射电暴弱很多。射电波在日面边缘以上 0~200 Mm 的高度传播, 当它通过增强的日冕结构时, 辐射增强。波传播轨迹的二次拟合结果显示莫尔顿波、日冕波和射电波在不断减速 (日冕波的减速度为 (-310 ± 50) m·s^{-2}, 射电暴的减速度为 (-350 ± 50) m·s^{-2})。与 White 和 Thompson[93] 的观点一致, 他们认为射电波是日冕 MHD 快模激波激发的光学薄回旋同步辐射。

1.3.3 日冕 EUV 波与色球莫尔顿波的关系

自从 EIT 波被发现以后, 人们立即认为 Uchida[95] 所预测的日冕快模 MHD 波最终被观测到[4, 96, 97]。这个解释主要有两个论据。首先, EIT 波是压缩的。另外, EIT 波能从爆发地点向所有方向传播。在宁静区和远离大尺度磁中性线的低日冕, 磁场大体上是径向的。这被 EIT 观测所证实, EIT 观测到日面边缘普遍存在几乎径向的场向结构。因此, EIT 波能够几乎垂直于日冕磁场传播, 类似快模MHD波。

但是, 人们不久就清楚地发现 EIT 波的观测特征不同于莫尔顿波的观测特征。最显著的不同是速度。EIT 波的速度的典型值为 250 km·s^{-1}, 用 EIT 数据观测的速度值几乎不超过 450 km·s^{-1}[24, 38, 133], 然而典型的莫尔顿波的速度大约为 1000 km·s^{-1}[87, 98]。另一个重要的不同是 EIT 波的准圆形, 莫尔顿波只在一个很有限的角度内传播 [87, 158]。一般情况下, 莫尔顿波的观测比 EIT 波少得多 [38, 62]。

然而, 对于每一个有 EIT 数据观测的莫尔顿波, 均可探测到一个相关的 EIT 波前 [47, 61, 62, 79, 97, 99]。虽然 EIT 波的波前跟莫尔顿波相比有一个更宽的角范围, 但总是存在一个扇区人们可以同时观测到这两种波现象。

Warmuth 等 [43] 提出了一种解决两种波速度差异的方法。他们注意到两个事件中, 莫尔顿波和 EIT 波依赖相同的运动学曲线, 表明它们代表同种传播扰动 (快 MHD 波) 的观测信号。速度的不同是由于波的减速。实际上, 莫尔顿波通常只在爆发活动区附近被观测到，而 EIT 波可传播更远的距离。另外，EIT 数据的低分辨率 (典型的为 12 min) 不能对速度快的瞬现现象进行详细的追踪。

在很多事件中都证明波有减速的趋势，这表明在 EUV、Hα、软 X 射线、He I 和射电波段观测的波状现象是一个单一传播的快 MHD 波 [47, 62, 92, 100]。用高时间分辨率的 TRACE 数据观测的第一个 EIT 波的波速高达 800 km·s^{-1}，接近莫尔顿波的速度 [35]。但是，Eto 等 [101] 报道称莫尔顿波 (由一个远处暗条振荡推断出的) 在 EIT 波前面传播。这是报道两种波位置不同的唯一一个事件。然而，Eto 等 [101] 强调称在莫尔顿波和 EIT 波的传播轨迹的测量方面有很大的不确定性，因为同一轨迹可以用一个减速快 MHD 波进行二次拟合 [47]，也可以用两个线性拟合来分别描述 EIT 波和莫尔顿波 [101]。White 和 Thompson[93] 描述了一个与射电波相关的 EIT 波的传播，该射电波被高分辨的射电日像仪的 17 GHz 和 34 GHz 波段探测到。该波以大约 830 km·s^{-1} 的速度传播，在观测的 4 min 时间内没有表现出减速。因为莫尔顿波唯一的模型认为它们是快模波 [95]，所以人们必须另外确定 EIT 波的物理本质。

解释波速差异的另一种方法是假设 EIT 波和莫尔顿波产生于不同的物理机制。特别是所谓的 S 波，也就是相对于一般的弥散的 EIT 波前 [38, 83] 表现为锐利波前的 EIT 波。Biesecker 等 [83] 表明只有 S 波 (由 1997 年 3 月 ～1998 年 6 月这段时间观测到的 173 个 EIT 波中的 7% 构成) 是莫尔顿波的日冕对应物。但是，需要注意的是，一个锐利的 S 波在远离源活动区很远的地方被观测到是一个弥散的波。

研究表明 EIT 波与活动区环相互作用导致由入射 EIT 波引起的环振荡，正如 Wills-Davey 和 Thompson[35] 所描述、Ofman 和 Thompson[75] 和 Ofman[102] 所模拟的那样，这是支持 EIT 波是真波的一个有力证据。另一方面，因为在 EIT 波通过较低的小尺度结构没有引起它们的振荡，所以 Wills-Davey 和 Thompson[35] 得出波在过渡区以上传播的结论。这个事实很难与一个单一快 MHD 波从日冕延伸至色球的理论一致。

1.4 日冕 EUV 波的理论模型

日冕波的本质仍是存在争议的课题。一种理论认为它是在日冕中自由传播的快模波，另一种理论认为它是在 CME 发生过程中磁场重组的特征。当日冕波第一次被 Thompson 等 [3] 观测到，它被认为是莫尔顿波的日冕对应物，被解释为快模 MHD 波，类似 Uchida[95] 提出的理论。不久，人们就证明日冕波与 CME 而不是耀斑紧密相关，这导致了日冕波的另一个阐述，即日冕波是 CME 侧翼膨胀的结果，当 CME 的侧翼扫过低日冕时, 它重新组织了日冕磁场。下面, 波和非波的理论将分别被讨论。

1.4.1 快模波模型

在太阳日冕中传播的波需承受磁场和气压的回复力。在非磁气体的情况下, 波以局地声速传播, 局地声速可表示为

$$c_{\mathrm{s}} = \sqrt{\frac{\gamma P}{\rho}} \tag{1.2}$$

其中, γ 是比热容, P 和 ρ 分别是未扰动的气压和密度。日冕中典型的声速是 $100 \sim 200$ km·s^{-1}。此外, 一个沿磁场传播的纯阿尔文波的速度为

$$v_{\mathrm{A}} = \frac{B}{\sqrt{4\pi\rho}} \tag{1.3}$$

B 是单位为高斯 (1G=10^{-4}T) 的磁场强度。日冕阿尔文波速度的典型值为 1000 km·s^{-1}。第三类, MHD 波, 产生于气压和磁压均考虑的情况。这种波的传播速度为

$$v_{\mathrm{f,s}}^2 = \frac{1}{2} \left[(c_{\mathrm{s}}^2 + v_{\mathrm{A}}^2) \pm \sqrt{c_{\mathrm{s}}^4 + v_{\mathrm{A}}^4 - 2c_{\mathrm{s}}^2 v_{\mathrm{A}}^2 \cos 2\theta} \right] \tag{1.4}$$

其中, θ 是波传播矢量与磁场的倾角。这两个方程有两个不同的解, 正号为快模波, 负号为慢模波。当 $\theta = \pi/2$ 时 (也就是说波的传播方向与磁场垂直的情况), 对于快模和慢模波, 我们得到

$$v_{\mathrm{f}}^2 = c_{\mathrm{s}}^2 + v_{\mathrm{A}}^2 \tag{1.5}$$

并且 v_{s}=0。值得注意的是, 阿尔文波不能产生作为亮度增强的必需的压缩。慢模 MHD 波是压缩的, 但它们的传播只限于沿着磁场方向。慢模波速在垂直于磁场方向上变为零。由于日冕波实际上的传播方向与太阳主要的径向磁场成直角, 它们最初被认为是快模 MHD 波 [97]。

Wang[142] 第一次将日冕波作为快模 MHD 波来进行模拟。日冕中 MHD 波速的分布是用光球磁场的无流场外推和冕环的密度标度律米确定的, 他发现平均的表面投影膨胀速度为 200 km·s^{-1}。他的模型不能解释速度超过 600 km·s^{-1} 的波, 也就是典型的莫尔顿波, 除非假设初始的扰动是一个强的超阿尔文速度的激波。与观测一致, Wang[142] 给出快模 MHD 波偏离活动区和冕洞的传播, 因为活动区和冕洞的阿尔文速度大。他还发现由于阿尔文速度在活动区上方快速下降, 当波远离初始点传播时向上折射。

Grechnev 等 [103] 将日冕波解释为在变化密度介质内的强的点状爆发。他们认为常密度介质内能量为 E 的爆发激发了一个自相似的冲击波的传播。爆发中心的径向密度下降为 $\rho \propto r^{-\alpha}$。对于一个常密度，$\rho = \rho_0$，$E = \rho_0 R^3 v^2 =$ 常数，其中 R 是半径，v 是激波波前的速度。因此，

$$v = \left(\frac{E}{\rho R_3}\right)^{1/2} \propto R^{-3/2} \tag{1.6}$$

并且，$R \propto t^{2/5}$。同样地，对于 $\rho = br^{-\alpha}$，速度为

$$v \propto R^{-(3-\alpha/2)} \tag{1.7}$$

且 $R \propto t^{2/(5-\alpha)}$。对于一个强的球状激波，如果 $\alpha \leqslant 3$，激波减速；如果 $\alpha \geqslant 3$，激波加速。根据分析，他们给出得出的运动学支持他们的理论，即日冕波是日冕冲击波。通过与 Warmuth 和他的合作者的结果比较，他们得出最终的结论：日冕波可能是中等或强的激波，然后阻尼成中等强度的波。

Wills-Davey 等 [24] 指出日冕波的波阐述存在一定的问题。他们研究了日冕波的本质，发现与快模 MHD 平面波不一致。他们指出日冕波实际上与孤波解更一致，即波保持不变的脉冲形状和速度振幅。Wills-Davey 等 [24] 主要给出了四个与日冕波的快模波解释不一致的地方：速度振幅、等离子 β、传播速度变化和脉冲的一致性。Wills-Davey 等 [24] 证认出的两个关键问题是：①一些观测波速太低而不能用快模 MHD 波解释。②大范围的传播速度与太阳日冕内等离子体条件范围不一致。但值得注意的是这些问题已经被高时间分辨率（$\leqslant 1$ min）的仪器观测（SDO/AIA 和 Proba-2/SWAP）所解决。Wills-Davey 等 [24] 认为日冕波与 MHD 孤波的解更一致。平面波和孤波最主要的不同是对速度的依赖性。对于一个线性的 MHD 解，波速只取决于通过的介质特性，孤波波速依赖脉冲的振幅。

1.4.2 磁力线连续拉伸模型

Chen 等 [28] 发展了一个模型，在这个模型中，EIT 和莫尔顿波代表不同的物理现象。Chen 等 [28] 采用了低 $\beta(\beta < 1)$ 日冕磁拱下的次阿尔文 CME 的 2.5 维数值模拟，图 1.15 给出了这个模型的卡通图。随着 CME 向上运动，在它前面产生了一个快模 MHD 波。如果局地等离子条件合适，波将陡变成活塞驱动的激波。这种活塞驱动的激波在低日冕中的传播速度大约为 750 km·s^{-1}，所以它可以被描述为莫尔顿波的伴随物（该波与色球的相互作用没有被模拟）。在快模 MHD 波后面，另一个密度扰动出现并从拱的中心向外传播，它的产生是由于在 CME 上升过程中磁力线不断地打开（从拱的里面到外面）。随着中心流绳的上升，它产生了以阿尔文速度沿着场线向下传播的大尺度场线的变形（图 1.15）。同时，由于流绳的不断上升，

变形也向上传输。然后它沿着下一根磁力线向下传播。靠近太阳日面的扰动伴随着等离子体压缩，因此代表 EIT 波。它并不是一个真实的 MHD 波，它传播的速度是日冕快 MHD 波的 1/3。如果快模 MHD 波的速度为 750 km·s^{-1}，那么 EIT 波的速度是 250 km·s^{-1}，与观测一致。因为 EIT 波产生于 CME 膨胀过程中场线的连续打开，所以在每一时刻它与 CME 前面的环的足点共空间。暗区与相关 CME 的等离子体疏散有关，它位于 EIT 波的后面 [28]。

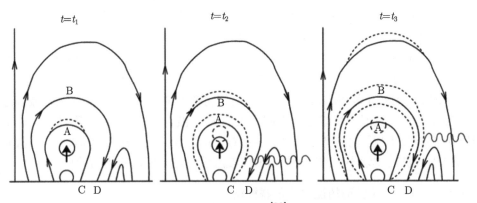

图 1.15 卡通图给出 Chen 等 [28] 的 EIT 波模型

实线代表日冕磁场的初始结构，虚线给出在 CME 抬升过程中日冕磁场逐渐的变化，带有黑色箭头的
中心圆圈代表CME 流绳的上升运动

导致 EIT 波的密度扰动的发生被 Pomoell 等 [159] 的数值模拟所证明，与 Chen 等 [28] 的结果非常类似。Chen 等 [29] 进一步发展了他们的模型，用日冕等离子体的实际值和磁场参数第一次产生了一个在合成的 EIT 和 SXT 图像上传播的 EIT 波。值得注意的是，在这个数值模拟中，快模 CME 驱动的波和较慢的 EIT 波都可以看到，与日冕中只有一个波前的观测相反。

Chen 等 [28] 发展的 EIT 波的场线打开模型与快模波模型相比有一些优点，采用了更实际的等离子体 β 值 ($\beta<1$)，描述了在观测的 EIT 波事件中，EIT 和莫尔顿波可能代表不同的实体 [101]。Chen 等 [28] 的模型用来强调一个 EIT 波停在日冕分界面上 [29]，与一些观测一致 [25, 50, 73]。Chen[85] 报道了一个用 EIT 和 MK3 日冕仪观测的事件，他强调说 EIT 波与 CME 前面的环的足点共空间，与 Chen 等 [28] 的模型一致。

Chen 等 [28] 的模型的一个明显缺点是 2.5 维的结构，这很难让人们想象这样一个机制将怎样在一个真实的三维磁场结构下产生一个几乎圆形的 EIT 波前 (图 1.15)。另一个问题是 EIT 波的全球传播：为了解决它，一个初始拱应该有一个很大的尺度用来匹配 EIT 波传播的区域。在这个模型中，EIT 波和日冕暗区是耦合的, 暗区始终位于 EIT 波前尾边界的正后方 [28], 但观测发现 EIT 传播的区域远大于暗区扩展的区域 [3, 105]。值得注意的是, 在 Chen 等 [29] 计算的合成 EIT 图像上, 通过磁场打开机制产生的 EUV 强度扰动沿磁力线向下传播, 这种向下的运动没有被观测到。

另一个问题可能与 EIT 波密度扰动的定量描述有关。模拟的 EIT 波前的密度增加在百分之几的量级, 这将产生 10% 的强度增加, 与观测的值相比很小 (百分之几十), 是什么因素影响 EIT 波前的密度变化还不是很清楚。值得注意的是, 在 Wu 等 [22] 的模型中, 尽管压力脉冲的大小跟耀斑大小的关系还不清楚, 但可以增加初始脉冲的大小来达到需要的密度扰动值。

Harra 和 Sterling[128] 的观测报道有力地证明了 Chen 等 [28] 的模型。他们用 TRACE 高分辨的数据观测了一个 EIT 波事件, 该 EIT 波事件展示出两个信号: 亮波和弱波。Harra 和 Sterling[128] 认为快的弱波为快模 MHD 波, 慢的亮波是通过 Chen 等 [28] 发展的场线打开机制产生的 EIT 波。但是, 仔细观察 TRACE 数据发现亮波先出现, 弱波产生于亮波的前锋, 并且出现得比较晚, 这似乎与弱波是快模 MHD 波的阐述不一致, 快模 MHD 波应该恰好出现在初扰动的后面。

1.4.3   CME 侧翼驱动的连续磁重联模型

Attrill 等 [30, 31] 提出当弥散的 EIT 波膨胀到低日冕时, 它实际上与 CME 最外面的侧翼相关, EIT 波的亮波前是 CME 最外面的球壳与方向合适的周围磁场磁重联的结果。当内部压强不足以驱动磁重联的时候, 日冕波自然而然就停下来。人们提供了很多 EIT 波 -CME 侧翼重联的证据 [30, 45, 63, 106, 107]。这种理解与 Moore 等 [108] 的一致, 他们发现一个 CME 的最终角宽度依赖于爆发冕泡与周围磁场的压力平衡和能流守恒。相比之下, Delannée[109] 的工作对 1997 年 5 月 12 日的事件前的磁场进行势场外推, 得出下列结论: 两个相关暗区骑跨在不变的闭场结构上, 阻止膨胀的 CME 场线与周围宁静太阳重联。但这个结论与许多研究工作矛盾, 这些研究工作将日冕暗区和与外流等离子体相关的开磁场区 (术语上称之为瞬现冕洞) 联系在一起 [110–117]。

Wen 等 [118] 报道称在弥散日冕波亮前锋的位置观测到非热 IV 型射电暴, 他们认为这是与 CME 相关的日冕重联的特征。Attrill 等 [30, 31] 争辩说膨胀 CME 与周围磁场重联的概念与 Wen 等 [118] 的阐述一致。除了观测到与 CME 流绳足点相关的强中心暗区 [111, 113, 114, 119, 120] 外, 他们还观测到分布广泛的次 (弱) 暗区, 这些次暗区随着亮波前膨胀而出现在亮波前之后。Attrill 等 [30, 31] 认为这些观测现象与周围宁静太阳磁场通过连续磁重联场线的打开和随后的等离子体蒸发 (图 1.16) 有关。几个研究工作发现观测的 EIT 波的形态和侧向膨胀的 CME 与周围磁环境的重联一致 [31, 106, 107]。

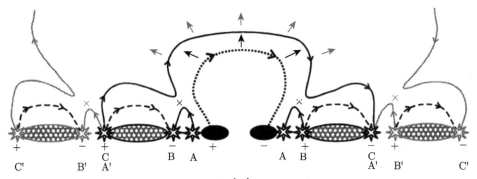

图 1.16 Attrill 等 [30] 的连续磁重联模型

膨胀的 CME(点线) 与方向合适的磁环 (虚线) 重联 (十字), 导致 CME 的磁足点膨胀 (实线)。与流绳足点相关的强的中心暗区用黑色表示, 而次弱暗区用阴影灰色表示

弥散的日冕波和爆发 CME 的磁连接不能解决观测到的亮波前转动的问题 [30, 37]。通过给出的爆发源区和周围磁环境, Attrill 等 [30, 31] 的模型预测了亮波前将在哪里持续 (根据周围磁场的方向), 也预测了次暗区的位置, 为 CME 源区和行星际 CME 与太阳的磁连接性提供了信息。

Attrill 等 [30, 31] 的模型不能考虑其他模型和观测的某些方面。例如, Linker 等 [121] 的 EIT 波模拟在无重联的条件下产生了一个日冕波, 人们需要进行进一步的研究来解决这个问题。实际上, Cohen 等 [107] 对最近的 STEREO/EUVI 事件的全球 MHD 模拟发现如果要符合 EIT 波的所有观测特征, 波和非波分量 (包括磁重联) 都是需要的。

1.4.4 电流壳模型

Delannée 和 Aulanier[73] 和 Delannée[25] 第一次提出 EIT 波是由于 CME 导致的大尺度日冕变形。Delannée 等 [32] 用 Török 和 Kliem[122] 描述的三维 MHD 模型给出在 CME 的初始动力学阶段形成了大尺度的电流片, 这些电流片很自然地将扭缠的流管从周围的势场分离出来。Delannée 等 [32] 的模拟给出一个几乎球状的电流片是如何从周围的视场分离出来的, 这个模型与几乎圆形的波事件的日面观测一致, 可以解释一些 EIT 波事件中波前的转动。

但是, 这个电流球壳模型不完全与观测一致, 它的加热机制本身是有问题的。电流加热应该通过传导致冷, 但宁静太阳日冕的传导冷却时间大约是 30 min, 如果 EIT 波影响的区域经历传导冷却, 那么亮波前通过的证据将保留整个冷却时长。结果, EIT 波将作为亮圆盘出现而不是单脉冲亮波前。

虽然这个机制能成功再现日面上的日冕波, 但不能说明边缘的观测 [31], 因为没有满足电流片高度上的视向积分这个必要条件。Delannée 等 [32] 强调说 EIT 和

SXT 波是日冕结构，争论说较低层次的电流密度耗散对 EIT 波没有贡献，但观测表明这些波前主要使最下面 1∼2 个标高内的等离子体点亮 [42]。Delannée 等 [32] 的电流球壳模型需要在波开始传播时有一个初始加速，但报道的波速度对不同事件有显著的不同，有的在事件发生的半个小时内表现为减速 [46, 47]，有的表现为加速 [41, 59]，还有的表现为常速度 [48]。

1.4.5　慢模波模型

Krasnoselskikh 和 Podladchikova[123] 及 Wang 等 [33] 认为 EIT 波更可能是慢模波而不是快模波。这种猜想被两个观测证据所支持：①很多 EIT 波的速度低于日冕快模波 [24]。②慢模波的形态与 EUV 波段观测的非线性密度扰动一致。第二个证据即使在最简单的 MHD 条件下模拟也可以被证实。假设一个均一的非垂直的磁场，一个单一的一维 MHD 扰动一定同时导致一个快模和一个慢模脉冲远离起始点传播。随着它的传播，慢模脉冲的密度分量快速增加到起始扰动的几倍，使得一个最初线性的脉冲变成了一个非线性的脉冲。相反，快模脉冲由磁场分量控制，密度分量下降到最初扰动的一小部分。当考虑 Warmuth 等 [47] 和 Wills-Davey[34] 记录的非线性强度增强的内容时，慢模分量的想法就变得似是而非了。

尽管有这样的证据，慢模 MHD 波模型的其他方面还是有问题。最主要的是需要一个平行或倾斜场来维持慢模波包。随着磁场变得垂直，慢模波速接近于零。Wills-Davey 等 [24] 争论称宁静日冕的闭合场结构可能有足够的水平场，这可以维持足够大的慢模波包。因为 EIT 波是宽而弥散的结构，它们将作为整体场的宁静太阳闭合场，而不是接触小的单环结构。在这种情况下，EIT 波应该遇到足够的垂直场来阻止它的前进。冕洞边界也不例外，在这里垂直的开场将成为一道障碍。有趣的是，EIT 波被观测到停在冕洞边界 [4]。

即使宁静日冕存在足够的水平场来维持慢模波，也面临其他问题。许多 EIT 波太慢而不是快模波，同样地，许多 EIT 波太快而不是慢模波。慢模波的速度范围被限制在 $0 \leqslant v_s \leqslant c_s$ 内，宁静日冕的声速 c_s 约为 $180~\mathrm{km~s^{-1}}$，所以很多事件不能被考虑进来。另外，快模波模型也有许多问题，如很难维持波前的一致性，不能考虑大尺度的波转动，但慢模波模型同样也很难解释这些问题。

1.4.6　孤立子波模型

孤立子波被定义为波方程的非线性、单脉冲解。孤波的形状是靠脉冲的非线性和介质的色散特性之间的平衡维持的。造成的结果是一个非线性无色散波包可传播很大的距离。另外，孤波的速度同时依赖局地介质和脉冲振幅。因此，不同的波应该传播不同的距离，大振幅波传播得更快。

孤波的很多特性与观测一致。研究给出了非线性密度和强度增强的证据[47]。用 Thompson 和 Myers[38] 的质量分级作为脉冲振幅的一个简单形式，Wills-Davey 等[24] 发现质量分级和平均波速有一个正相关 (图 1.17)。另外，Wills-Davey[24] 没能给出 1998 年 6 月 13 日 TRACE 观测的事件的色散。

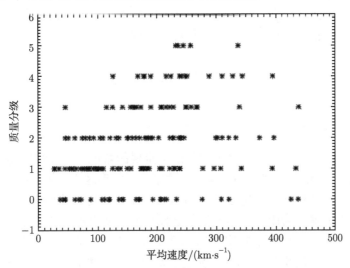

图 1.17　平均 EIT 波速相对于质量分级的分布[24]

这 160 个事件的例子给出一个弱的正相关

尽管慢模 MHD 孤波的解有很多分量，但跟所有自由传播的 MHD 波理论一样，它不能解释 EIT 波的整体转动问题[30, 37]。因为需要一个非常具体的形状来维持其稳定性，孤波 MHD 模型很难被测试和证明。Wills-Davey 等[24] 讨论说色散最可能的原因是日冕密度分层，当许多 MHD 孤波的解存在时，色散被认为只沿着一个磁流管的边界，至今也没有人做包含重力密度分层的工作。另外，分析解通常处理一维 MHD 孤波，处理二维径向传播的工作很难找到。此外，很多研究发现在 EIT 波截面上有很多结构[30, 34, 37]，这意味着任何一个孤波解必须很稳定，为了当它影响宁静太阳日冕的不同分量时它仍能保持一致性。

1.5　日冕 EUV 波研究尚待解决的问题

1. 什么决定了波的产生?

我们猜想早期 CME 演化的脉冲阶段是一个关键参数。理论研究表明驱动源需要在几分钟之内加速以激发一个脉冲振幅足以被探测到的大尺度波或激波[131, 132, 159]。峰值速度看起来不是主要原因，只有当它超过了周围媒介的特征速度时才会起作用。有些 EUV 波与相对慢的驱动源相关，如 2009 年 2 月 13 日的事件 CME 的径向速度是大约为 200 km·s^{-1}，2010 年 6 月 13 日的事件 CME 的峰值速度为 400 km·s^{-1} 并有一个快的减速。两个事件的相似性是有一个尖锐的峰值加速度轮廓。对于有相似速度但较缓慢的加速轮廓的事件不容易产生可见的 EUV 波。观测波信号的缺乏并不代表没有波。等离子体的任何运动都将驱动某种波扰动，但缓慢加速驱动源将在远离爆发的地方产生低振幅的脉冲，因此如果波密度增强较弱它就不能被探测到。由于 CME 强的侧向膨胀是波产生的关键因素，因此确定几个 EUV 波事件径向和侧向驱动源加速的持续时间和尺度将是未来很重要的工作。

2. 确定波分量和非波分量在何时何地分离

在这个问题上，周围的环境可能扮演着重要的角色。当 CME 的侧翼遇到弱宁静区磁场时它会迅速膨胀。在太阳极小条件下，活动区主要被宁静区包围，膨胀将发生于源活动区附近，占据大部分区域。但是，当到达活动周峰年的时候，周围活动区和跨赤道冕洞会阻止 CME 泡的强侧向膨胀或大尺度波的形成。在这种情况下，我们期望 CME 泡的体膨胀 (即非波) 控制波信号直到真波在远处形成 (假设一个有足够能量的事件)。因此，发生于太阳极大条件下的 EUV 波有更明显的 CME(非波) 信号。

3. 建立米波 II 型射电暴与 EUV 波的确切关系

统计研究表明米波 II 型射电暴和 EUV 波高度相关。Biesecker 等 [83] 给出米波 II 型射电暴与 69% 的 EUV 波相关，而 Klassen 等 [133] 发现了更高的相关度 (差不多 90%)。Warmuth 等 [47] 发现 II 型射电暴和莫尔顿波的相关度为 100%。射电日像仪的观测表明 II 型射电暴的源区与日冕波信号一致 [61, 135, 158]。

尽管米波 II 型射电暴和 EUV 波建立了紧密的关系，但仍有一些细节问题没有解决。米波 II 型射电暴一般持续 3~10 min，而 EIT 的时间分辨率是 12 min，使得人们不能将米波 II 型射电暴与 EUV 波进行对比。但在 2010 年之后条件得到了改善，Kozarev 等 [54] 和 Ma 等 [55] 对 2010 年 6 月 13 日的 EUV 波和米波 II 型射电暴进行了详细的比较得出两者有紧密的关系，也就是说，射电辐射的开始和 EUV 波的出现相差不到 1 min。他们预测出射电辐射的源区在 CME 或波的前面。射电动力学谱的带分裂和激波驱动源与 EUV 波段观测的激波的脱体距离可以用来估算日冕底部的磁场，大约 1.3~1.5 G[136]。Vourlidas 等 [137] 对几个事件进行了研究，结果表明当 EUV 波形成时，射电辐射出现在 CME 加速轮廓之上、附近或者峰值位置。在很多情况下，EUV 波只在 CME 的侧翼可见，所以他们提出射电辐射起源于 CME 的侧翼，与以前的米波 II 型射电暴的图像结果一致 [138]。由此看来, 射电观测为 EUV 波的波本质提供了强有力的支持, 但米波 II 型射电暴辐射的源区仍然不清楚, 这是一个非常重要的研究领域。

4. 确定日冕波反射的普遍性

EUV 波有时反射甚至穿过晕洞和活动区。如果 EUV 波是真波, 这将是预期的、普遍存在的行为。为了确定 EUV 波的本质, 我们需要将单个事件扩展到统计研究。对扰动轮廓的研究将有助于测试入射波和反射波及透射波的能量是否守恒。

5. 日冕波与 CME 的三维关系

处理与慢速 CME 相关的 EUV 波是人们在三维 EUV 波和 CME 问题上的一个限制因素, 因为当 CME 出现在 COR1 的视场时, EUV 波弱而弥散。因此需要建立这种类型的 CME-EUV 波模型, 用来与快速 CME 相关的 EUV 波进行比较。对于与快速 CME 相关的 EUV 波而言, 当 CME 进入日冕仪的视场时, 波仍比较强。PROBA-II/SWAP[139] 的 EUV 图像能够跟踪早期的 EUV 波和 CME 到更高的高度, 高达日面边缘以上一个太阳半径, 有助于比较波和 CME。

6. 日冕波的能量收支是多少?

在上一节中, 我们估算了一个典型 EUV 波的能量。对具体的 EUV 事件的多个能量项随时间的演化做具体的计算然后推导出每个波事件的能量的想法是可行的。用波能量与相关 CME 和耀斑的能量做比较来确定能量分配问题。AIA 的多通道日冕观测可以提供 EUV 波过程中每个点的微分辐射量, 用来确定相关的辐射损失。

7. 建立太阳高能粒子事件和日冕波的联系

Rouillard 等 [140, 141] 结合 EUVI 和 AIA 覆盖 360° 的观测给出强 EUV 波的侧向膨胀, 这能够为角扩展、注入时间、强度和相关的日冕底部高能粒子事件方面提供可靠的估算。这种工作为高能粒子事件中的加速粒子起源提供重要线索。

8. 耀斑对日冕波的产生所起的作用

与耀斑相关的等离子体压强的增加有能力激发一个冲击波, 但耀斑看起来似乎是不可能驱动全球 EUV 波的, 只有在一些特殊条件下, 它才可能是波的驱动源。这里的关键可能是耀斑的空间位置。如果耀斑发生在活动区核内或附近, 非常强的快模波速的垂直梯度将使波向上折射而有很小的侧向膨胀 [52, 142]。另一方面, 偏离活动区核的 EUV 波将很容易在侧向方向上扩展, 因此能引起全球 EUV 波。另外, 耀斑加热环的体积膨胀的计算显示如果耀斑发生在远离低磁 β 值的区域 (即活动区核 [143]), 那么耀斑可以驱动大尺度波。另一个重要的参数是耀斑和波产生的时间。例如，Muhr 等 [99]，Patsourakos 等 [52] 和 Veronig 等 [45] 发现相关的耀斑峰值发生在波产生之前，导致耀斑驱动源的无效性。因此，需要对日冕波事件的耀斑位置和耀斑-波的相对时间进行统计研究。

9. 确定莫尔顿波与日冕波的关系

以前的工作表明如果莫尔顿波是日冕波的对应物，那么日冕波在它们的早期阶段应该经历减速 [43]。但是，EIT 的低时间分辨率 (12 min，相对于 Hα 的 1~2 min 的时间分辨率) 不能给出相关证据。这需要注意的是 Warmuth[62] 指出与莫尔顿波相关的大多数 EUV 波表现出减速 (EUV 波前仅在两张以上的图像上可见)。日冕波的软 X 射线观测也给出同样的行为。在几个事件中，由于 EUV 观测的低时间分辨率，日冕波的早期减速可能被错过。研究发现莫尔顿波的轨迹粗略地与EUV 波的轨迹相匹配，这表明莫尔顿波和 EUV 波有紧密的关系。

极高时间分辨率的 AIA 观测允许结合 AIA 和 Hα 或 He I 10830 Å 的观测对莫尔顿波和 EUV 波进行更细致的比较，这可以为两个现象的运动学提供更多的细节。这种比较的第一个例子被 Asai 等 [144] 给出，在这个例子中，共空间的 Hα 和 EUV 波前被探测到。

值得注意的是 AIA 观测的耀斑通道 (94 Å 和 131 Å) 有助于跟踪较低温度的EUV 波。这两个通道，除了它们在很高温度的主峰外，还有在过渡区温度的次弱峰。因此，通过分析 AIA 94 Å 和 131 Å 的数据将可能回答 EUV 波是否和何时有波延伸到低温的问题。

10. 得到日面边缘与波相关的振荡的特征

这些振荡现象是 EUV 波行为的确切证据。我们需要描述它们的特征，如周期、振幅、阻尼时间等 [145]。确定这些振荡的初相位和是否不同振荡结构享有相同的初相位，有助于我们认识 EUV 波起源。这种分析将有助于我们推断 EUV 波传播的大面积区域的详细日震信息。另外，我们可以评估它们对 EUV 波衰减和能量的贡献。

第 2 章　ZEUS-2D 程序

ZEUS-2D 程序是专门针对于模拟天体物理中动力学过程而研发的。这一程序是在 20 世纪 90 年代由 Stone 和 Norman 等 [13-15]开发出来的。现在可以在美国加利福尼亚大学的计算天体物理实验室 (Laboratory for Computational Astrophysics,University of California) 进行该程序包的下载 (http://lca.ucsd.edu/portal)。目前这一程序广泛地应用于天体物理领域,包括流体动力学、磁流体动力学和辐射转移等方向的研究,并且可以根据自己所考虑的具体问题,对程序进行修改,加入相关的影响因素。该程序算法的基本思想是用有限差分的方法来求解欧拉偏微分方程组。

2.1　基本求解方法

ZEUS-2D 程序根据算符分裂理论,分别把连续方程、动量方程和能量方程拆成两部分:一部分称作源 (source) 项,而另一部分称作传输 (transport) 项。因此,相应的计算也分成两个部分来完成。

算符分裂法就是把对偏微分方程组的求解分成几个部分来完成,而每一个部分代表着方程组中的相应某一项,而每一部分可以通过采用上步更新的结果进行求解。例如,可以把动力学方程简单写成此形式:

$$\frac{\partial y}{\partial t} = \varphi(y)$$

其中,算子 $\varphi(y)$ 可以分裂成几部分,即 $\varphi(y) = \varphi_1(y) + \varphi_2(y) + \cdots$,而由算符分裂法,方程可以分成相应的几部分来完成

$$\frac{y^1 - y^0}{\Delta t} = L_1(y^0)$$

$$\frac{y^2 - y^1}{\Delta t} = L_2(y^1)$$

$$\frac{y^3 - y^2}{\Delta t} = L_3(y^2)$$

$$\vdots$$

其中, L_i 是算子 φ_i 对应的有限差分形式。这种分步求解的方法比采用已有数据一步完成的方法要精确,更接近真实解,请参见文献 [6, 16, 17]。

2.2 网 格 划 分

ZEUS-2D 采用的是交错网格，如图 2.1 所示，在图 2.1 中有两套网格，分别是实网格 (a 网格) 和虚网格 (b 网格)。用 $(x_1a(i), x_2a(j))$ 来表示 a 网格，而 b 网格用 $(x_1b(i), x_2b(j))$ 来表示。在图中的 g_2, g_{31}, g_{32} 在不同的坐标系下，对应着不同的取值，在我们所使用的直角坐标系下，$g_2 = 1$, $g_{31} = 1$, $g_{32} = 1$。其中 $dx_1a(i) = x_1a(i+1) - x_1a(i)$, $dx_1b(i) = x_1b(i+1) - x_1b(i)$。在这样的交错网格下，标量位于带心处 (zone-centered)，而矢量在带的侧面 (face-centered)，也就是标量在 b-网格上，矢量在 a-网格上，如图 2.2 所示。图 2.3 表示的是在 ZEUS-2D 中

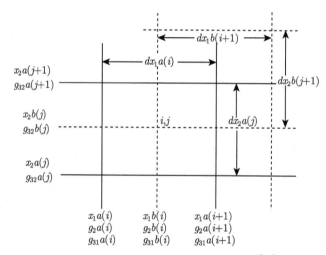

图 2.1 ZEUS-2D 中，交错网格的定义 [13]

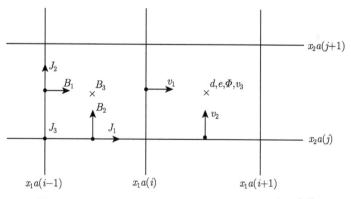

图 2.2 ZEUS-2D 中，物理量在交错网格上的分布 [13]

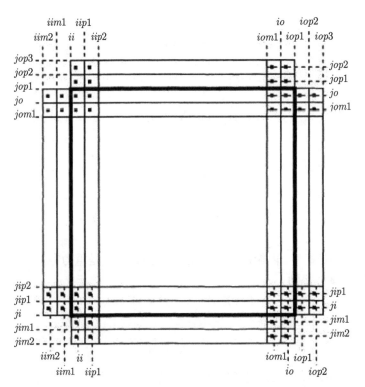

图 2.3 ZEUS-2D 中，对计算区域进行离散化，用粗实线圈起来的部分就是计算区域，
来自参考文献[13]

对计算区域的离散化，位于带心处的标量，如 $d_{i,j}$，$e_{i,j}$，在 x_1 方向的计算区域是从 ii 到 io，在 x_2 方向的计算区域是从 ji 到 jo；位于带一侧，x_1 方向的量，如 $v_{1,i,j}$，在 x_1 和 x_2 方向的计算区域分别是：从 $ii+1$ 到 io，从 ji 到 jo；而位于带另一侧，x_2 方向的量，如 $v_{2,i,j}$，在 x_1 和 x_2 方向的计算区域分别是：从 ii 到 io，从 $ji+1$ 到 jo。而在计算区域的四边多余出来的四列，就是 "ghost" 带，这个带是用于求边界上的值，所以 "ghost" 上量的值是由相应的几何边界和物理边界来求的，而对偏微分方程组的数值求解不能用于 "ghost"。但是，在 ZEUS-2D 中，磁场的散度等于零是时时处处都成立的，包括在 ghost 上。

采用这种交错网格的优点：一是方便采用中心差分法 (在源求解过程中，用两侧的标量对其更新) 对矢量进行差分，而我们知道中心差分的精度高于向前或后的差分精度；二是使用交错网格减少了在传输求解过程中的内插数目。而这种网格带来的缺点是：由质量和速度得到的动量是平均动量，这样就对整体的精度有所影响。

2.3 具体数值算法

ZEUS-2D 中涉及的微分方程是

$$\frac{\mathrm{D}\rho}{\mathrm{D}t} + \rho\nabla \cdot \boldsymbol{v} = 0 \tag{2.1}$$

$$\rho\frac{\mathrm{D}\boldsymbol{v}}{\mathrm{D}t} = -\nabla p - \rho\nabla\phi + \frac{1}{c}\boldsymbol{J} \times \boldsymbol{B} \tag{2.2}$$

$$\rho\frac{\mathrm{D}}{\mathrm{D}t}(e/\rho) = -p\nabla \cdot \boldsymbol{v} \tag{2.3}$$

$$\frac{\partial B}{\partial t} = -c\nabla \times \boldsymbol{E} \tag{2.4}$$

其中, $\rho, e, \boldsymbol{v}$ 分别是密度、内能密度和速度, $\boldsymbol{B}$ 是磁场, ϕ 是重力势, $\frac{\mathrm{D}}{\mathrm{D}t} \equiv \frac{\partial}{\partial t} + \boldsymbol{v}\cdot\nabla$。

由欧姆定律可得到

$$c\boldsymbol{E} = -\boldsymbol{v} \times \boldsymbol{B} + \frac{\boldsymbol{J}}{\sigma}$$

而

$$\frac{4\pi}{c} = \nabla \times \boldsymbol{B} \tag{2.5}$$

方程 (2.1)~(2.4) 分别描述了质量守恒、动量守恒以及能量守恒和磁通量守恒。如果简单用有限差分直接近似以上的微分方程，由于截断误差的原因，进而会破坏微分方程所固有的守恒特性。为了避免出现虚假结果，我们用有限差分法去近似由微分方程 (2.1)~(2.4) 推导出的积分方程。

以动量方程为例，我们把方程的微分形式变换成积分形式。

$$\begin{aligned}
\rho\frac{\mathrm{D}\boldsymbol{v}}{\mathrm{D}t} &= \frac{\mathrm{D}(\rho\boldsymbol{v})}{\mathrm{D}t} - \frac{\boldsymbol{v}(\mathrm{D}\rho)}{\mathrm{D}t} \\
&= \frac{\mathrm{d}(\rho\boldsymbol{v})}{\mathrm{d}t} + (\boldsymbol{v} - \boldsymbol{v}_\mathrm{g}) \cdot \nabla(\rho\boldsymbol{v}) + \boldsymbol{v}(\rho\nabla \cdot (\boldsymbol{v} - \boldsymbol{v}_\mathrm{g})) \\
&= \frac{\mathrm{d}(\rho\boldsymbol{v})}{\mathrm{d}t} + (\boldsymbol{v} - \boldsymbol{v}_\mathrm{g}) \cdot \nabla(\rho\boldsymbol{v}) + \nabla \cdot (\rho\boldsymbol{v}(\boldsymbol{v} - \boldsymbol{v}_\mathrm{g})) \\
&= -\nabla p - \rho\nabla\phi + \frac{1}{c}\boldsymbol{J} \times \boldsymbol{B}
\end{aligned}$$

两边同时在 V 上求体积分可得

$$\frac{\mathrm{d}}{\mathrm{d}t}\int_V (\rho\boldsymbol{v})\mathrm{d}V + \int_V \nabla \cdot (\rho\boldsymbol{v}(\boldsymbol{v} - \boldsymbol{v}_\mathrm{g}))\mathrm{d}V = -\int_V (\nabla p + \rho\nabla\phi - \frac{1}{c}\boldsymbol{J} \times \boldsymbol{B})\mathrm{d}V$$

即

$$\frac{\mathrm{d}}{\mathrm{d}t}\int_V (\rho\boldsymbol{v})\mathrm{d}V = -\oint_S \rho\boldsymbol{v}(\boldsymbol{v} - \boldsymbol{v}_\mathrm{g}) \cdot \mathrm{d}\boldsymbol{S} - \int_V (\nabla p + \rho\nabla\phi - \frac{1}{c}\boldsymbol{J} \times \boldsymbol{B})\mathrm{d}V \tag{2.6}$$

同理，连续方程和能量方程的积分形式为

$$\frac{\mathrm{d}}{\mathrm{d}t}\int_V \rho \mathrm{d}V = -\oint_S \rho(\boldsymbol{v}-\boldsymbol{v}_{\mathrm{g}})\cdot \mathrm{d}\boldsymbol{S} \tag{2.7}$$

$$\frac{\mathrm{d}}{\mathrm{d}t}\int_V e\mathrm{d}V = -\oint_S e(\boldsymbol{v}-\boldsymbol{v}_{\mathrm{g}})\cdot \mathrm{d}\boldsymbol{S} - \int_V p(\nabla\cdot\boldsymbol{v})\mathrm{d}V \tag{2.8}$$

其中，v_{g} 是格点运动的速度，而在本书中采用的是欧拉网格，所以 $v_{\mathrm{g}}=0$。另外 $\mathrm{d}/(\mathrm{d}t)=\partial/(\partial t)+\boldsymbol{v}_{\mathrm{g}}\cdot\nabla$。

采用同样的方法对方程 (2.4) 沿着边界线 $C(t)$ 进行面积分可以得到

$$\frac{\mathrm{d}}{\mathrm{d}t}\int_S \boldsymbol{B}\cdot\mathrm{d}\boldsymbol{S} = \oint_C(\boldsymbol{v}-\boldsymbol{v}_{\mathrm{g}})\times\boldsymbol{B}\cdot\mathrm{d}\boldsymbol{l} \tag{2.9}$$

网格划分完毕后，把 MHD 中的物理量离散到格点上，然后用差分方程来近似微分方程，最后通过源过程 (source step) 和传输过程 (transport step) 求出相应的物理量。

1. 源过程

在源过程中，通过压强、引力势和洛伦兹力来更新速度。由方程 (2.5) 和 (2.6) 以及方程 (2.8)，可以得到源过程中所要涉及的方程

$$\rho\frac{\partial\boldsymbol{v}}{\partial t} = -\nabla\rho - \rho\nabla\phi - \nabla\cdot\boldsymbol{Q} - \nabla\left(\frac{B^2}{2}\right) + (\nabla\cdot\nabla)B$$

$$\frac{\partial e}{\partial t} = -p\nabla\cdot\boldsymbol{v} - \boldsymbol{Q}:\nabla\boldsymbol{v}$$

其中，$\boldsymbol{Q}$ 是人工黏性张量，用来帮助控制由于使用差分格式而引入的人工耗散和人工色散。我们知道耗散性和色散性是差分格式的两个重要的特性，尤其对于双曲线方程。前者把应有的起伏平滑掉，后者则产生不应该有的起伏，如图 2.4 和图 2.5 所示。加大耗散性有利于保证差分格式的稳定性。然而，过强的耗散会使数值解过分平滑而抹去流场结构的细节。特别对激波一类强间断来说，过强的数值耗散将使间断面平滑、展宽而失去激波陡变的特征，如图 2.4 所示。因此，在设计差分格式时，应在保证格式稳定的前提下维持适度的耗散性，并尽量减弱和抑制格式的色散效应。而 ZEUS-2D 在动量方程与能量方程中加入人工黏性张量正是起到此作用 [8]。经过源过程更新过的速度进入下一步的计算。添加人工黏性对解的精度有多大的影响？这个问题没有确切的答案，这是算法设计中的经验性的内容，也是令从事算法设计的人感到苦恼的问题。通常尝试使用不同大小的人工黏性，直到对所得到的解感到满意 [9]。

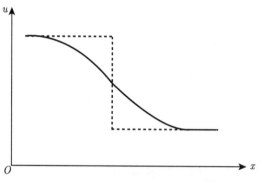

图 2.4　由耗散引起的激波平滑 [7]

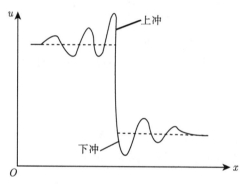

图 2.5　由色散引起的激波波头振荡 [7]

2. 传输过程

源项计算完毕之后，进入传输项的计算，也就是计算连续方程、动量方程、能量方程以及法拉第方程的传导部分。由方程 (2.6)~(2.9)，可以得到传输过程中所涉及的方程：

$$\frac{\mathrm{d}}{\mathrm{d}t} \int_V \rho \mathrm{d}V = -\oint_S \rho(\boldsymbol{v} - \boldsymbol{v}_\mathrm{g}) \cdot \mathrm{d}\boldsymbol{S}$$

$$\frac{\mathrm{d}}{\mathrm{d}t} \int_V (\rho\boldsymbol{v}) \mathrm{d}V = -\oint_S \rho\boldsymbol{v}(\boldsymbol{v} - \boldsymbol{v}_\mathrm{g}) \cdot \mathrm{d}\boldsymbol{S}$$

$$\frac{\mathrm{d}}{\mathrm{d}t} \int_V e \mathrm{d}V = -\oint_S e(\boldsymbol{v} - \boldsymbol{v}_\mathrm{g}) \cdot \mathrm{d}\boldsymbol{S}$$

$$\frac{\mathrm{d}}{\mathrm{d}t} \int_S \boldsymbol{B} \cdot \mathrm{d}\boldsymbol{S} = \oint_C (\boldsymbol{v} - \boldsymbol{v}_\mathrm{g}) \times \boldsymbol{B} \cdot \mathrm{d}\boldsymbol{l} \tag{2.10}$$

其中

$$\mathrm{d}/\mathrm{d}t \equiv \partial/\partial t + \boldsymbol{v}_\mathrm{g} \cdot \nabla$$

这种形式方程的物理意义是：网格体积内物理量的变化率等于网格接触面积上对应物理量流的差。在本书中，因为采用的是二维网格，所以体积就退化为相应网格的面积，接触面积退化为对应的接触长度。

以连续性方程为例，我们用守恒形式来离散上面的方程。令 $D_{i,j}^1$ 表示 x_1 方向上的第 i 个格密度的入流，$D_{i+1,j}^1$ 表示密度的出流。

$$D_{i,j}^1 = d_{1,i,j}^* v_{1,i,j} \Delta x_2$$

$$D_{i+1,j}^1 = d_{1,i+1,j}^* v_{1,i+1,j} \Delta x_2$$

x_1 方向的连续方程可离散为

$$\frac{(d_{i,j}^{n+\frac{1}{2}} - d_{i,j}^n)(\Delta x_2 \Delta x_1)}{\Delta t} = -(D_{i+1,j}^1 - D_{i,j}^1)$$

同理，x_2 方向的方程可以写为

$$\frac{(d_{i,j}^{n+1} - d_{i,j}^{n+\frac{1}{2}})(\Delta x_2 \Delta x_1)}{\Delta t} = -(D_{i+1,j}^2 - D_{i,j}^2)$$

$$D_{i,j}^2 = d_{2,i,j}^* v_{2,i,j} \Delta x_1$$

$$D_{i,j+1}^2 = d_{1,i+1,j}^* v_{2,i,j+1} \Delta x_1$$

先计算 x_1 方向的密度通量，当完成所有网格计算后，把所得到的密度分布作为老时刻的值代入 x_2 方向的方程中计算密度流，最后得到新时刻的密度分布。其中，$d_{i,j}^*$ 表示物理量的内插值。在 ZEUS 中，分别采用了三种内插法来求 $d_{i,j}^*$，它们分别是一阶精度的供体细胞 (donor cell, DC) 法，二阶精度的 van Leer(VL) 法和三阶精度的分段抛物线平流 (piecewise parabolic advection，PPA) 法。DC 法精度低 (一阶)，而且具有强耗散的特性 (即平滑了过多的流场细节)，所以仅在 ZEUS 中做实验时用过。VL 法提高了精度，而且耗散比较小，在 ZEUS 中常用，而我们也采用了此种方法，这种方法是 van Leer 1977 年 [10] 提出，采用迎风内插法得到

$$d_{1,i,j}^* = d_{i-1} + (\Delta x_1 - v_{1,i,j})\Delta t \frac{fd_{i-1}}{2} \quad (v_{1,i,j} > 0)$$

$$d_{1,i,j}^* = d_i - (\Delta x_1 - v_{1,i,j})\Delta t \frac{fd_i}{2} \quad (v_{1,i,j} < 0)$$

$$fd_i = \frac{2\Delta d_{i-\frac{1}{2}}\Delta d_{i+\frac{1}{2}}}{\Delta d_{i-\frac{1}{2}} + \Delta d_{i+\frac{1}{2}}} \quad (\Delta d_{i-\frac{1}{2}}\Delta d_{i+\frac{1}{2}} > 0)$$

$$fd_i = 0 \quad (\Delta d_{i-\frac{1}{2}}\Delta d_{i+\frac{1}{2}} \leqslant 0)$$

其中，$\Delta d_{i+\frac{1}{2}} = \dfrac{d_{i+1} - d_i}{\Delta x_1}$。同样的办法可得出 $d_{2,i,j}^*$。

两个方向的动量通量、能量通量可以类似得出,但磁通量 (即方程 (2.9)) 不同,下面我们会对其作专门描述。

与流体力学方程 (HD) 相比,磁流体力学方程 (MHD) 有两大难题需要克服。第一,在麦克斯韦方程中要保持 $\nabla \cdot \boldsymbol{B} = 0$ 时时处处成立。否则,随着计算的进行,离散误差不断增加,离基本物理方程限制性条件越来越远,最终导致计算的终止。在 ZEUS 中采用 Evans 和 Hawley[11] 提出的传输限制 (constrained transport,CT) 法来解决。Evans 和 Hawley 发现:如果先把电动力 (electromotive force,EMF) $\boldsymbol{\varepsilon} = (\boldsymbol{v} - \boldsymbol{v}_{\mathrm{g}}) \times \boldsymbol{B}$ 在整个网格上确定下来,然后用它去更新此计算步中的磁场分量,就能保证积分形式的磁感应方程 (2.10) 中的磁通量守恒。也就是说,如果磁场在初始时,是满足 $\nabla \cdot \boldsymbol{B} = 0$ 的,那么在此后的计算过程中此条件也是满足的。

方程 (2.10) 可以变换为

$$\frac{\mathrm{d}\phi_{\mathrm{m}}}{\mathrm{d}t} = \frac{\mathrm{d}}{\mathrm{d}t}\int_S \boldsymbol{B} \cdot \boldsymbol{n}\mathrm{d}S = \int_l \boldsymbol{\varepsilon} \cdot \mathrm{d}\boldsymbol{l}$$

其中,ϕ_{m} 是磁通量,$\boldsymbol{\varepsilon}$ 是 EMF(即驱动磁场的演化)。

从图 2.2 可以看出,ϕ_1 与 ϕ_2 分别是两个分方向 (x_1 方向和 x_2 方向) 接触面积的磁通量,$\varepsilon_1, \varepsilon_2, \varepsilon_3$ 是以边界为中心 (edge-centered) EMF。由欧拉有限差分的第一型曲线积分,方程 (2.10) 可近似等于

$$\frac{\phi_{1,i,j}^{n+1} - \phi_{1,i,j}^n}{\Delta t} = -\varepsilon_{2,i,j}^n \Delta x_2 - \varepsilon_{3,i,j}^n \Delta x_3 + \varepsilon_{2,i,j}^n \Delta x_2 + \varepsilon_{3,i,j+1}^n \Delta x_3$$

$$\frac{\phi_{2,i,j}^{n+1} - \phi_{2,i,j}^n}{\Delta t} = -\varepsilon_{1,i,j}^n \Delta x_1 - \varepsilon_{3,i,j}^n \Delta x_3 + \varepsilon_{1,i,j}^n \Delta x_1 + \varepsilon_{3,i,j+1}^n \Delta x_3$$

进一步化简得

$$\frac{\phi_{1,i,j}^{n+1} - \phi_{1,i,j}^n}{\Delta t} = (\varepsilon_{3,i,j+1}^n - \varepsilon_{3,i,j}^n)\Delta x_3 \tag{2.11}$$

$$\frac{\phi_{2,i,j}^{n+1} - \phi_{2,i,j}^n}{\Delta t} = -(\varepsilon_{3,i,j+1}^n - \varepsilon_{3,i,j}^n)\Delta x_3 \tag{2.12}$$

把方程 (2.11) 和方程 (2.12) 加在一起,可得到经过接触面的总磁通量。由方程 (2.11) 和方程 (2.12) 可看出,穿过整个积分面元的磁通量为零。也就是,如果在起始时刻满足 $\nabla \cdot \boldsymbol{B} = 0$,那么在其他任何时刻也满足此条件,即

$$\mathrm{d}(\nabla \cdot \boldsymbol{B})/\mathrm{d}t = 0$$

CT 法与传统的演化磁矢势法 ($\boldsymbol{B} = \nabla \times \boldsymbol{A}$, 即通过磁矢势 $\boldsymbol{A}$ 的演化来确定 $\boldsymbol{B}$ 的演化) 相比,优点有二:一是不需要进行二次派生 (由 $\boldsymbol{A}$ 得 $\boldsymbol{B}$, 然后由 $\boldsymbol{B}$ 再求洛伦兹力 $(\nabla \times \boldsymbol{B}) \times \boldsymbol{B}$) 计算。二是不会在发生陡变 (如激波,不连续处) 的地方产生虚假电流。

3. 特征值和传输限制技术

通过以上讨论，我们知道用 CT 法通过 ε 可以解决 $\nabla \cdot \boldsymbol{B} = 0$ 这一问题。那我们如何求解 ε 呢？这就引入了求解 MHD 方程组的第二个难题——阿尔文波的耗散问题。ε 的具体求解关系着 MHD 波的稳定性和精确性。在 MHD 中，存在着两种类型的波动：一是纵波，二是横波 (阿尔文波)。在理想 MHD 过程中，阿尔文波在电流片处，显示了不连续性。阿尔文波并不像流体力学中的波，阿尔文波的结构是不耗散的，这样我们就不能用耗散的数值算法来处理。另外，在演化过程中，阿尔文波紧密地与密度和磁场耦合在一起。这就意味着，单一的算符分裂法在此不适用。以上两点就决定着我们必须寻找一种新的算法，这种算法既可以解决 MHD 波带来的稳定性问题，又可与 CT 法相结合来解决 $\nabla \cdot \boldsymbol{B} = 0$ 这一问题。在 ZEUS 程序中，这种新算法就是，特征值和传输限制法，即 MOC(method of characteristics)-CT 技术[12]。下面就描述这一算法。

洛伦兹力可写成

$$(\nabla \times \boldsymbol{B}) \times \boldsymbol{B} = -\nabla\left(\frac{B^2}{8\pi}\right) + \boldsymbol{B}\nabla \cdot \boldsymbol{B}$$

忽略其他力，第 i 个速度分量，可写成以下形式

$$\rho\frac{\partial v_i}{\partial t} = -\nabla_i\left(\frac{B^2}{8\pi}\right) + \frac{1}{4\pi}(\boldsymbol{B} \cdot \nabla)B_i \tag{2.13}$$

同样，在磁感应方程中，第 i 个磁场分量的微分形式为

$$\frac{\partial B_i}{\partial t} = (\boldsymbol{B} \cdot \nabla)v_i - \nabla \cdot (B_i\boldsymbol{v}) \tag{2.14}$$

在一维问题中，方程 (2.13) 和 (2.14) 可简化为

$$\frac{\partial v}{\partial t} = \frac{B_x}{\rho}\frac{\partial B}{\partial x} - \frac{\partial}{\partial x}(v_x v) \tag{2.15}$$

$$\frac{\partial B}{\partial t} = B_x\frac{\partial v}{\partial x} - \frac{\partial}{\partial x}(v_x B) \tag{2.16}$$

因为 $\nabla \cdot \boldsymbol{B} = 0$，那么在一维问题中，有 $(\partial B_x)/(\partial x) \equiv 0$，同时又由阿尔文波的不可压缩的性质可得 $(\partial v_x)/(\partial x) \equiv 0$. 在方程 (2.16) 的两边同时乘以 $\rho^{-1/2}$，方程 (2.15) 与 (2.16) 分别相加、相减可得

$$\frac{\mathrm{D}v}{\mathrm{D}t} \mp \frac{1}{\rho^{\frac{1}{2}}}\frac{\mathrm{D}B}{\mathrm{D}t} = 0 \tag{2.17}$$

其中，减号代表特征方程沿着前向特征曲线 C^+，加号代表特征方程沿着后向特征曲线 C^-，如图 2.6 所示。在方程 (2.17) 中，$\frac{\mathrm{D}}{\mathrm{D}t} = \frac{\partial}{\partial t} + \left(v_x \mp \frac{B_x}{\rho^{1/2}}\right)\frac{\partial}{\partial x}$，其中加号

代表沿着 C^+, 而减号代表沿着 C^-。可以看出, $v_x \mp \dfrac{B_x}{\rho^{1/2}}$ 刚好是在流动流体中的阿尔文速度 $v_x \pm v_A$. 方程 (2.17) 表示的物理意义就是：沿着特征线，速度与磁场在每个方向的变化不是独立的，而是密切相关的。

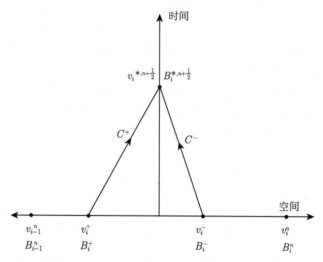

图 2.6　在一维情况下，ZEUS 中的 C^+,C^- 位置图像，来自参考文献 [14]

用有限差分方程沿 C^+ 与 C^- 来求解方程 (2.17)

$$(v_i^{*,n+\frac{1}{2}} - v_i^{+,n}) + \frac{B_i^{*,n+\frac{1}{2}} - B_i^{+,n}}{(\rho_i^+)^{\frac{1}{2}}} = 0$$

$$(v_i^{*,n+\frac{1}{2}} - v_i^{-,n}) + \frac{B_i^{*,n+\frac{1}{2}} - B_i^{-,n}}{(\rho_i^-)^{\frac{1}{2}}} = 0$$

令 $\rho_i^+ = \rho_{i-1}^n$, $\rho_i^- = \rho_i^n$。通过求解以上两个线性方程，可得出 $v_i^{*,n+\frac{1}{2}}$ 与 $B_i^{*,n+\frac{1}{2}}$。把所求得的值代入下面的方程中

$$\varepsilon_{3,i,j}^{n+\frac{1}{2}} = v_{1,i,j}^{*,n+\frac{1}{2}} B_{2,i,j}^{*,n+\frac{1}{2}} - v_{2,i,j}^{*,n+\frac{1}{2}} B_{1,i,j}^{*,n+\frac{1}{2}}$$

就可算出在 CT 法中所需要的 ε 值。

在二维情况下，我们分方向来解决特征方程。首先在第一个方向里，有

$$\frac{Dv_1}{Dt} \pm \frac{1}{\rho^{\frac{1}{2}}} \frac{DB_1}{Dt} = 0$$

其中，$\dfrac{D}{Dt} = \dfrac{\partial}{\partial t} + \dfrac{v_2 \mp \dfrac{B_2}{\rho^{1/2}}}{\partial x_2}$。然后，在第二个方向里，有

$$\frac{Dv_2}{Dt} \pm \frac{1}{\rho^{\frac{1}{2}}} \frac{DB_2}{Dt} = 0$$

其中，$\dfrac{D}{Dt} = \dfrac{\partial}{\partial t} + \dfrac{v_1 \mp \dfrac{B_1}{\rho^{1/2}}}{\partial x_1}$。

采用与一维相同的有限差分法，可分别求得 $v_{1,i,j}^{*,n+\frac{1}{2}}$，$B_{1,i,j}^{*,n+\frac{1}{2}}$ 与 $v_{2,i,j}^{*,n+\frac{1}{2}}$，$B_{2,i,j}^{*,n+\frac{1}{2}}$，进一步就可以求出 $\varepsilon_{3,i,j}^{n+\frac{1}{2}}$。

2.4 算法的稳定性和精确性

由于 ZEUS 采用的是显式差分，所以每步计算的步长都受到 CFL(Courant-Friendrich-Lewy, 1948) 条件的限制：$\Delta t \leqslant \dfrac{\min(\Delta x)}{|v| + c_{\mathrm{f}}}$，其中 v 为流体速度，$c_{\mathrm{f}} = \sqrt{v_{\mathrm{A}}^2 + c_{\mathrm{s}}^2}$（即快磁声波波速），$\Delta t$ 是时间步长，Δx 是空间步长。CFL 的物理意义是：差分方程的依赖区域必须包含微分方程的依赖区域，如图 2.7 所示。所谓依赖区域即特征线所围的区域。图 2.7 中实线为微分方程特征线，$\left|\dfrac{\mathrm{d}x}{\mathrm{d}t}\right| = |a|$；虚线为差分方程特征线 $\left|\dfrac{\Delta x}{\Delta t}\right| = |a'| \geqslant |a|$。这样，$PCD$ 为 P 点的微分方程依赖区域，PAB 为 P 点的差分方程依赖区域，为保证格式稳定，PAB 必须包含 PCD。

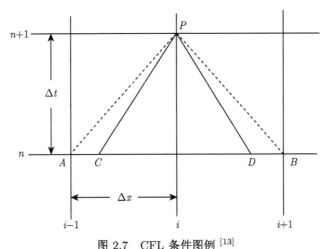

图 2.7 CFL 条件图例 [13]

因此在 ZEUS 程序中，把积分的时间步长定为

$$\Delta t = \frac{C_0}{\sqrt{\max(\delta t_1^{-2} + \delta t_2^{-2} + \delta t_3^{-2} + \delta t_4^{-2})}}$$

C_0 是 Courant 数，一般 $C_0 \approx 0.5$。

$$\delta t_1 = \frac{\min(\Delta x_1, \Delta x_2)}{C_{\mathrm{f}}}$$

$$\delta t_2 = \frac{\Delta x_1}{v_1 - v_{g_1}}$$

$$\delta t_3 = \frac{\Delta x_2}{v_2 - v_{g_2}}$$

以上表示的是 CFL 条件。由于考虑了黏性，因此还要加入黏性引起的时间步长限制，而在一维情况下

$$\Delta t \leqslant (\Delta x)^2 / 4\nu$$

其中，$\nu = l^2 \nabla \cdot \boldsymbol{v}$，而 $C_2 = l/\Delta x$。于是在二维情况下，有

$$\delta t_4 = \min \left(\frac{(\Delta x_1)^2}{4l^2 (\Delta v_1 / \Delta x_1)}, \frac{(\Delta x_2)^2}{4l^2 (\Delta v_2 / \Delta x_2)} \right) = \min \left(\frac{\Delta x_1}{4C_2 \Delta v_1}, \frac{\Delta x_2}{4C_2 \Delta v_2} \right)$$

其中，C_2 是无量纲人工黏性系数，一般取 $C_2 \approx 3$。因为随着演化，特征速度在不断地改变，这样时间步长也必须随着改变。在 ZEUS-2D 中，为了保持结果的准确性与稳定性，时间步长被限定至多只能以 30% 增加。

第3章 均匀大气中日冕 EUV 波的数值研究

3.1 摘　要

在第 1 章,我们已经介绍了日冕 EUV 波的研究现状,这一现象在很大程度上丰富了 CME 的物理图像,为我们更深入和透彻地研究太阳爆发过程的物理机制提供了很好的素材。本章将通过数值实验的方式,关注在均匀大气中日冕 EUV 波是如何产生的,及其演化特征和传播过程。在 Forbes[156] 工作的基础上,对磁通量绳 (用于描述悬浮在日冕中的日珥或者暗条) 失去平衡后的情况进行数值模拟。模拟结果表明: 随着磁通量绳的快速运动,会围绕磁通量绳形成一个月牙状特征的快模激波,当快模激波传播到底边界时,产生一个传回日冕的回声。有趣的是还发现: 从磁通量绳两边发展出来的慢模激波和磁重联区旁边的速度漩涡 (vortice),会与之前快模激波的回声相遇,随后,慢模波会逐渐与快模波分开,而且慢模波/速度漩涡与快模波传播的高度层次有明显不同,慢模波和速度漩涡在日冕中有明显的存在特征,但不会到达日面。这个结果很重要,它很可能表明慢模激波和速度漩涡的相互作用是产生 EUV 波的源 [33]。

3.2 研究背景介绍

在 CME 发生后,大量被磁化的等离子体由日冕抛射到行星际空间,成为行星际 CME(ICME)。这些被磁化的等离子体有时会传播到地球附近空间,导致地球磁层、电离层等高层大气的强烈扰动,甚至会出现大型的磁暴,对近地空间环境产生危害,成为产生灾害性空间天气的主要因素 [84, 85, 146]。其中与 CME 联系紧密的有一种全日面波动扰动现象,即 EIT 或 EUV 波。Moses 等 [96] 第一次报道了这一现象,Thompson 等 [3] 首次详细地分析了这一波动现象利用太阳和日球层天文台 (SOHO) 的远紫外成像望远镜 (EIT) 得到的数据。

通常,EUV 波作为宽而弥散的亮特征出现,后面紧随扩展的暗区。早期的 SOHO/EIT 的观测结果显示它们的典型速度是 $200 \sim 400 \ \mathrm{km \cdot s^{-1}}$ [4, 38, 133],但 Nitta 等 [147] 利用 SDO/AIA 的观测数据统计研究了接近 140 个全球 EUV 波事件,发现 EUV 波的平均速度大约为 $600 \ \mathrm{km \cdot s^{-1}}$。EUV 波通常源于耀斑活动区但跟 CME 有更紧密的关系 [52, 55, 60, 83, 85]。自从 EUV 波发现以来,它们的本质一直处于争论中。人们提出一些模型来解释它们，这些模型主要分为波、非波和混合波模型。波模型认为 EUV 波是真波，包括快模 MHD 波或激波 [22, 76, 142]、慢模 MHD 波 [33] 和孤波 [24]。在它们中，快模 MHD 波模型是最流行的，被很多观测所支持 [42, 43, 45, 52, 59, 72, 144, 148, 149]。非波理论认为 EUV 波是 CME 过程中电流球壳或场线不断重构的特征 [25, 28, 30, 32, 53]。混合波模型指出代表不同物理过程的波和非波现象同时存在于同一个事件中，不需要发展一个特殊的模型来解释所有 EUV 波的所有观测现象 [28, 29, 105, 107, 132]。越来越多的高分辨率的观测现象倾向于支持这个模型 [68, 69, 148]。关于这些模型和所支持的观测的全面的综述文章包括 Wills-Davey 和 Attrill[39]、Warmuth[62]、Gallagher 和 Long[150]、Zhukov[151] 及 Patsourakos 和 Vourlidas[152]。

　　另外，在观测中发现了 EUV 波的两种观测特征。一是，一个波由快和慢成分组成 [68]；二是，在 EUV 波传播的过程中，出现了反射和折射现象；而且，Yang 等 [153] 发现了被反射波激发的次级波在 2011 年 8 月 4 日 EUV 事件中。虽然很多观测和理论研究都支持 EUV 波是快模 MHD 波 [4, 47, 52, 72, 92, 153]，但是一旦快模波产生后，它是如何演化的还不清楚。因此，很有必要通过数值模拟的方式来研究 EUV 波是如何产生和传播的。这正是本章和以后两章中，我们工作的内容。

　　本部分工作我们关注的焦点是，在均匀大气中，日冕 EUV 波是如何产生的？又是如何演化和传播的？

3.3　物理模型及计算公式简介

　　我们的计算针对一个位于 xy 上半平面的磁场结构进行。在这个结构当中包含一个带电流的无限长的磁通量绳 (用于描述悬浮于日冕当中的日珥或暗条)。在选定的坐标系中，下边界 $y = 0$ 代表光球表面，而 $y > 0$ 则代表色球和日冕 (图 3.1)。在任何时候，包含无力场的磁通量绳位于 y 轴上，高度为 h 的位置。磁绳 (flux rope) 不存在时的背景场 (back ground) 由一个位于光球表面以下的线形磁偶极子产生。由于对称性，磁绳总是沿着 y 轴运动。下面的工作可以认为是 Forbes[156] 的工作的延伸。在直角坐标系下，对下面二维的 MHD 方程组进行求解：

$$\frac{\mathrm{D}\rho}{\mathrm{D}t} + \rho\nabla\cdot\boldsymbol{v} = 0 \tag{3.1}$$

$$\rho\frac{\mathrm{D}\boldsymbol{v}}{\mathrm{D}t} = -\nabla p + \frac{1}{4\pi}\boldsymbol{J}\times\boldsymbol{B} \tag{3.2}$$

$$\rho\frac{\mathrm{D}}{\mathrm{D}t}(e/\rho) = -p\nabla\cdot\boldsymbol{v} \tag{3.3}$$

$$\frac{\partial B}{\partial t} = \nabla\times(\boldsymbol{v}\times\boldsymbol{B}) \tag{3.4}$$

$$J = \nabla \times B \tag{3.5}$$

$$p = (\gamma - 1)e \tag{3.6}$$

$$p = \rho T \tag{3.7}$$

其中，B,J,ρ,v,p,e,γ 分别是磁场强度、电流密度、质量密度、速度、压强、内能密度和比热比。与 Forbes[156] 不同，这里用 ZEUS-2D 程序对上面的方程组进行求解。关于该程序已在第 2 章中做了比较详细的描述。在此数值实验中，没考虑辐射机制和旋转效应。在这里沿用了 Forbes[156] 的标记及初始条件，但是由于 ZEUS-2D 程序的要求，使用特征参数的绝对数值，而不像 Forbes[156] 那样使用相对值。因此在数值计算中，对参数作以下选取：密度 $\rho_0 = 1.67 \times 10^{-12}$ kg·m^{-3}, 长度 $L = 10^5$ km, 初始温度 $T_0 = 10^6$ K, 磁场强度 $B_0 = 20$ G, 比热比 $\gamma = 5/3$。

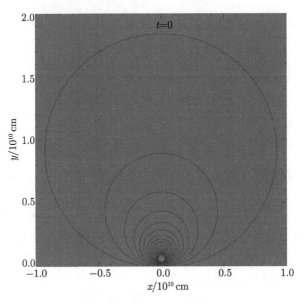

图 3.1 磁力线的初始分布

初始条件的选择具体如下：

$$\begin{aligned}
B_x = {} & B_\phi(R_-)(y - h_0)/R_- - B_\phi(R_+)(y + h_0)/R_+ \\
& - B_\phi(r + \Delta/2)Md(r + \Delta/2)[x^2 - (y + d)^2]/R_d^4
\end{aligned} \tag{3.8}$$

$$\begin{aligned}
B_y = {} & -B_\phi(R_-)x/R_- + B_\phi(R_+)x/R_+ \\
& - B_\phi(r + \Delta/2)Md(r + \Delta/2)2x(y + d)/R_d^4
\end{aligned} \tag{3.9}$$

$$p = p_0 - \int_{R_-}^{\infty} B_\phi(R) j(R) \mathrm{d}R \tag{3.10}$$

$$\rho = \rho_0 (p/p_0)^{1/\gamma} \tag{3.11}$$

其中

$$B_\phi(R) = -\frac{j_0}{2} R, \quad 0 \leqslant R \leqslant r - \Delta/2 \tag{3.12}$$

$$\begin{aligned}
B_\phi(R) = & -\frac{j_0}{2R} \frac{1}{2} (r - \Delta/2)^2 - (\Delta/\pi)^2 + \frac{1}{2} R^2 \\
& -\frac{j_0}{2R} (\Delta R/\pi) \sin[\pi(R - r + \Delta/2)/\Delta] \\
& -\frac{j_0}{2R} (\Delta/\pi)^2 \cos[\pi(R - r + \Delta/2)/\Delta] \\
& r - \Delta/2 < R < r + \Delta/2
\end{aligned} \tag{3.13}$$

$$B_\phi(R) = -\frac{j_0}{2R} [r^2 + (\Delta/2)^2 - 2(\Delta/\pi)^2], \quad r + \Delta/2 \leqslant R < \infty \tag{3.14}$$

$$j(R) = j_0, \quad 0 \leqslant R \leqslant r - \Delta/2 \tag{3.15}$$

$$j(R) = j_0 \frac{1}{2} \cos[\pi(R - r + \Delta/2)/\Delta] + 1, \quad r - \Delta/2 < R < r + \Delta/2 \tag{3.16}$$

$$j(R) = 0, \quad r + \Delta/2 \leqslant R < \infty \tag{3.17}$$

$$R_\pm^2 = x^2 + (y \pm h_0)^2 \tag{3.18}$$

$$R_d^2 = x^2 + (y + d)^2 \tag{3.19}$$

其中，磁绳的初始半径 $r = 2500$ km, 磁绳的初始高度 $h_0 = 6250$ km, 偶极子的深度 $d = 3125$ km, $\Delta = 1250$ km, 用此量来标示其他物理量的分布在磁绳半径周围的变化。$M = \frac{m}{Id}$, m, I, d 分别是偶极子的强度、磁绳里的电流和偶极子的深度。计算区域的大小是 $[-L, L] \times [0, 2L]$, 格点数是 400×400。底部的边界是物理边界，其余边界是自由边界，即磁场和等离子体可以在这些边界上自由出入。

3.4　计算结果

图 3.1 给出了初始状态 $t=0$ 时磁力线的分布情况。利用 Forbes[156] 的方法分析该状态的平衡性质，我们发现，这个时候磁绳处于非平衡态，背景场对磁绳的吸引力小于镜像电流作用于磁绳的排斥力，所以磁绳开始时会迅速地向上运动。当磁绳向上运动的速度大于当地的磁声波速度时，就会在磁绳的上部形成一个弓激波，如图 3.2 所示，而且随着时间的不断向前推进，该弓激波不断地向上运动且不断地向两边扩张，在演化到接近 $t = 300$ s 时，弓激波就环绕了整个磁绳。由该图还会发现，当快模激波扩张到下边界时，会在两侧分别产生一个回声 (echo)。

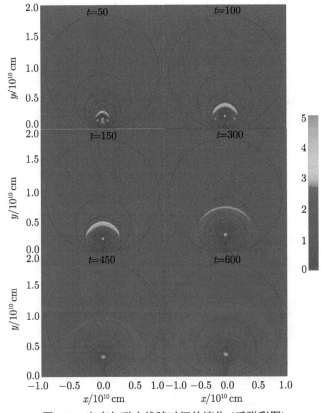

图 3.2 密度与磁力线随时间的演化 (后附彩图)

有颜色部分代表着密度分布, 实线代表的是磁力线。颜色棒中所表示的单位是 1.67×10^{-12} kg·m^{-3},
时间以秒为单位

另外, 在图 3.2 中, 可发现磁绳的两个侧翼处附近的磁力线会产生扰动, 并且在发生扰动的后部区域以及弓激波与磁绳之间的区域会有低密度区域 (也就是我们通常所说的 "暗区") 出现 (即图 3.2 中的深色部分), 而且随着演化的不断进行, "暗区" 不断变大而环绕这个磁绳。图 3.3 展示的是密度随时间的演化, 图中的 xy 平面在水平 (垂直于纸面的) 方向延伸, 密度 ρ 变化的方向垂直于该平面。图中位于 $\rho = 1.7 \times 10^{-12}$ g·cm^{-3} 的平面代表背景密度。除此以外, 一个尖峰状的、密度很高的区域表明了磁通量绳的位置; 密度低于磁绳, 但是高于背景的弧形结构标示了快模波的形状及其演化; 而密度低于背景的部分, 则对应着 CME 爆发过程中出现的暗区; 再仔细观察磁绳和快模波之间的区域, 则发现有边界层以上的介质中有扰动的迹象, 而这种扰动也随着快模波向外传播。由该图可清楚地看出激波的传播过程以及暗区的演化情况, 激波不断地向外传播, 暗区的面积不断扩大。

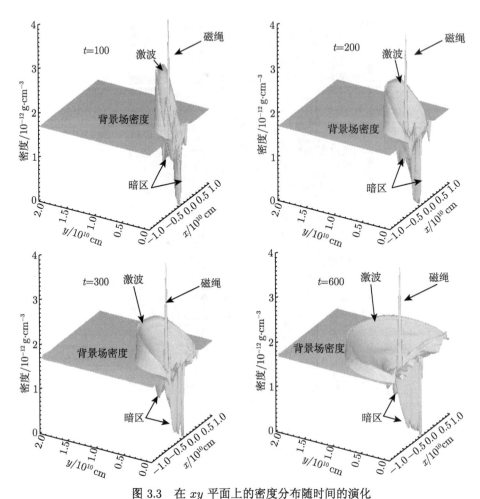

图 3.3　在 xy 平面上的密度分布随时间的演化

xy 平面在水平方向延伸，密度高度由垂直方向的数值表示。图中 $\rho = 1.7 \times 10^{-12}$ g·cm^{-3} 的平面代表
背景密度，时间以秒为单位

　　图 3.4 是沿 $x = 0.0$ 这条中垂线的密度演化图，由该演化图，我们可进一步清晰地看出快模波的形成以及随时间的演化情况。其中各个部分的精细结构与图 3.3 的相应部分对应。从图中可看出，快模波在 $t = 12$ s 时形成，也就是右边的第一个凸起点处，它一旦形成，就不断地向外传播。由于它的速度高于磁绳的速度 (实际观测到的 CME 驱动的激波比 CME 快 1.5 倍左右)[185]，磁绳与它的高度间距也随之增加，如图 3.5(上) 所示，实线表示的是弓激波的高度，虚线表示的是磁绳的高度。图 3.5(下) 给出的是该激波的强度随时间的演化情况，其中右下角给出的是刚开始时的演化细节部分。激波的强度是用其前后密度之比来表示的。由该图我们可看出，激波的强度快速由 1.0 增加到 1.9 左右。随着磁绳速度的下降，对激波的驱

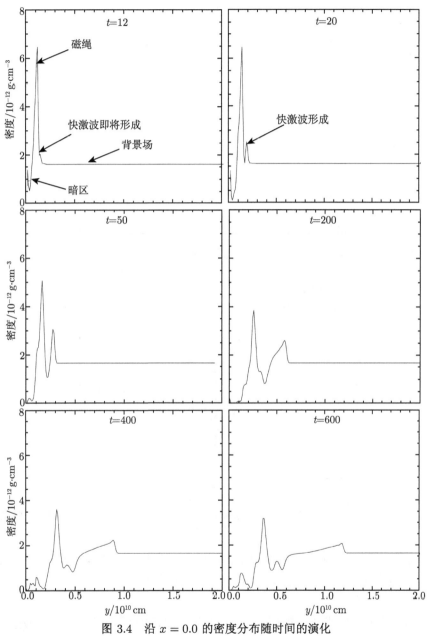

图 3.4   沿 $x = 0.0$ 的密度分布随时间的演化

右边第一个高的峰代表磁绳, 而左边第一个峰代表快模激波, 时间以秒为单位

动也在减弱, 这直接导致了激波强度下降, 此结果与 Forbes[156] 得到的结果一致。

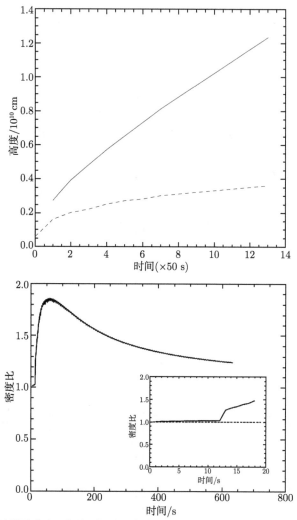

图 3.5　上图：弓激波高度 (实线) 与磁绳高度 (虚线) 随时间的变化；下图：快模波强度随
　　　　时间的演化，右下角是刚开始时的细节图

　　为了揭示出除快模激波和暗区以外的其他特征，进一步考察 CME 传播过程中周围流体的速度的散度 ($\nabla \cdot v$) 和旋度 ($\nabla \times v$)。这些结果有望为我们提供有关 EIT 波和莫尔顿波的信息。

　　图 3.6 给出的是速度的散度随时间的演化情况，由该图可清晰地看出快模波以及其回声的传播过程 (就是图中蓝色部分)。速度的散度随时间的演化如图 3.7 所示，该图清晰地反映了速度的散度演化情况，进一步补充了快模波以及其回声的传播过程。由于 $\nabla \cdot v$ 对快模激波附近的等离子体特征很敏感，因此在 $\nabla \cdot v$ 的分布图上很容易辨认出快模激波。图 3.8 是速度的散度在日面上的表现，即在 $y = 0$ 这

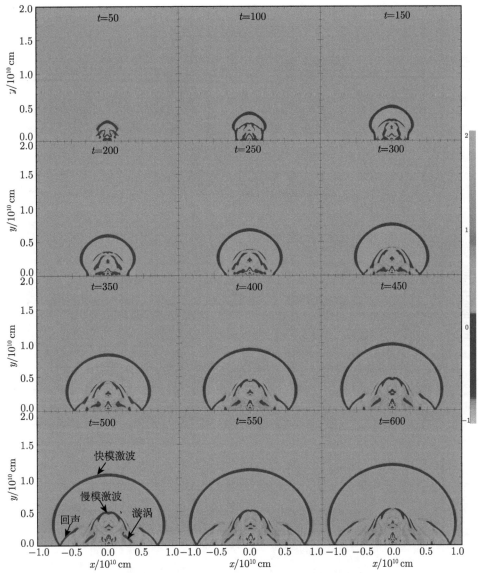

图 3.6　速度的散度随时间的演化 (后附彩图)

右边的颜色棒表示速度散度大小分布情况, 时间以秒为单位

条线上速度的散度随时间的演化情况。在该图中, 我们把速度的散度在日面上的分布按时间顺序从下向上 (最下面的线是刚开始的分布, 最上面的那条线是模拟结束时的分布) 放在一张图中。由该图可清楚地看出快模波的传播趋势, 也就是右边图中箭头所指示的走势, 该传播的速度约为 126 km·s^{-1}。图 3.9 和图 3.10 给出的是速度的旋度 ($\nabla \times \boldsymbol{v}$) 随时间的演化情况, 由该图可看出快模波、快模波的回声以及

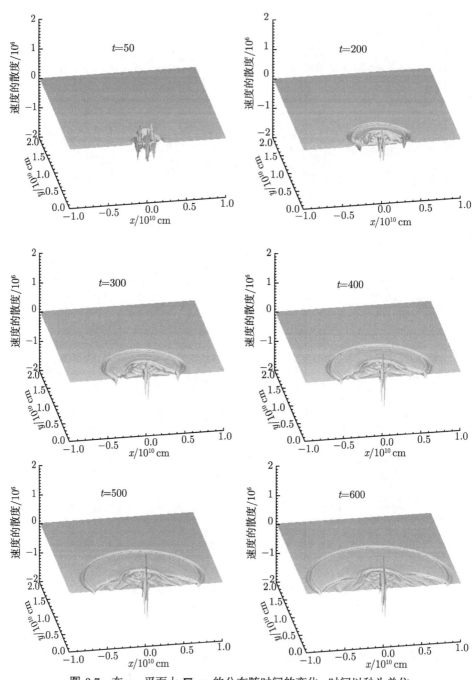

图 3.7　在 xy 平面上 $\nabla \cdot v$ 的分布随时间的变化, 时间以秒为单位

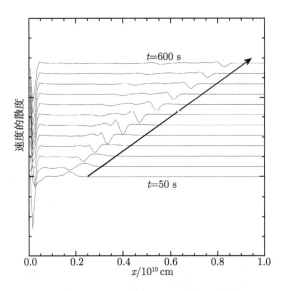

图 3.8 沿 $y = 0$ 速度散度的分布随时间的演化

慢模波。与 $\nabla \cdot \boldsymbol{v}$ 相比，$\nabla \times \boldsymbol{v}$ 对激波结构的敏感程度有所下降，但还是可以看出比较清晰的边界。与 $\nabla \cdot \boldsymbol{v}$ 最明显的不同是 $\nabla \times \boldsymbol{v}$ 对慢模激波的敏感程度很高。与图 3.6 相比，我们可以非常容易地发现在磁通量绳下端的一对慢模激波。它们很明显是从磁中性点附近的磁重联发展出去的，应该是一对佩切克 (Petschek) 式的慢模激波。除此以外，在紧贴磁通量绳的上方也发展出慢模激波，随着时间的演化，这对慢模激波也向侧后方延伸，并于太阳表面相接触。由该图可看出两个特点：一是快模波和慢模波逐渐分开 (注意 $t=350$ s 和 $t=400$ s)；二是快模波和慢模波传播的高度层次不同，由图 (特别是 $t=350$ s 后) 可看出，快模波传播到了太阳表面，但是慢模波并没有到达日面，而是在日面上的某个高度处就明显地衰减了。为了对这两点做进一步的研究，我们又分别做出了速度的旋度在日面上的表现情况 (图 3.11) 以及速度的散度在 $y = 0.2$ 这条线上随时间的演化情况 (图 3.12)。

图 3.11 以及图 3.12 与图 3.8 的作图方法相同，最下面的线也是刚开始的分布，最上面的线是模拟结束时的分布。从图 3.11 中，我们仅得到的是快模波的传播走向，而并没有得到慢模波的信息。但是由图 3.12，我们既能看到快模波的传播趋势，又能看到慢模波的传播走向 (即图中画箭头的地方)，而且由该图我们可清楚地看出，快模波与慢模波之间的间距越来越大。由图 3.11 和图 3.12，我们进一步得出：这两种波传播的高度层次不同，它们的速度大小有较大的差别，并且算出快模波的速度约为 126 km·s^{-1}，慢模波的速度约为 50 km·s^{-1}；而且由计算过程中所输出的一些量，还进一步算出阿尔文速度约为 91.8 km·s^{-1}，声速约为 58.7 km·s^{-1}；还算出产生弓激波时，磁绳当时的速度约为 931 km·s^{-1}。

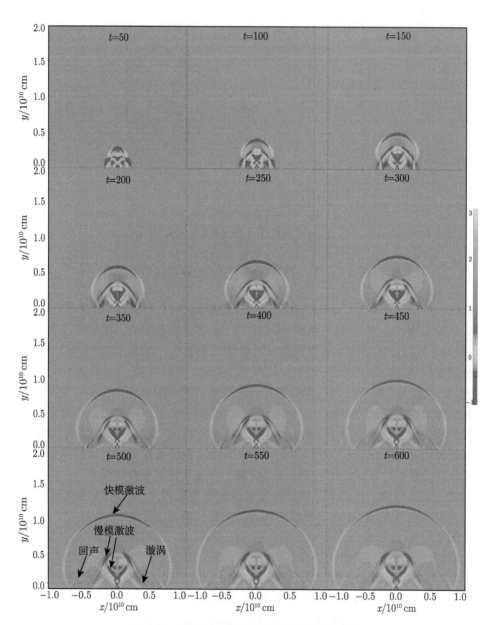

图 3.9　速度的旋度随时间的演化 (后附彩图)

右边的颜色棒表示速度旋度大小分布情况, 时间以秒为单位

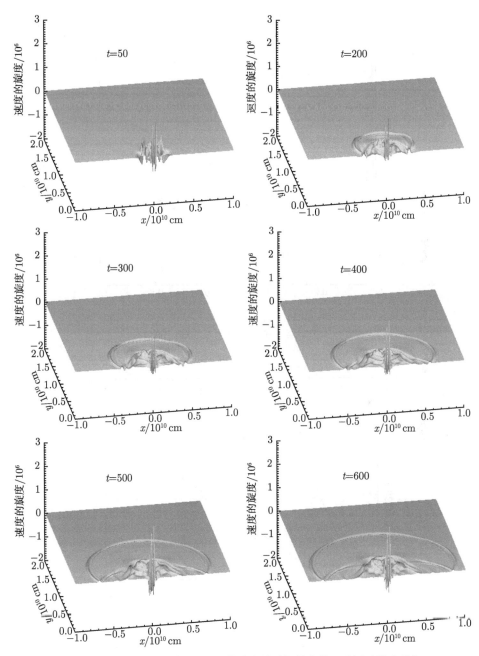

图 3.10 在 xy 平面上 $\nabla \times v$ 的分布随时间的变化, 时间以秒为单位

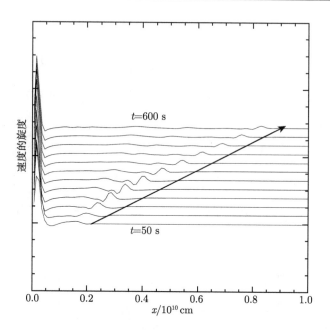

图 3.11　沿 $y = 0$ 速度旋度的分布随时间的演化

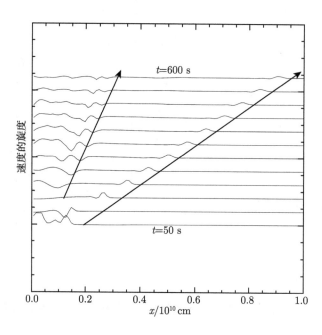

图 3.12　沿 $y = 0.2$ 速度旋度的分布随时间的演化

3.5 讨论和总结

在 Forbes[156] 工作的基础上，我们用 ZEUS-2D 程序对 CME 爆发后的一段时间当中，周围日冕受到的扰动以及可能的观测后果进行了模拟。我们所研究的日冕磁场结构中包含一个用以描述日珥或暗条的载流磁通量绳。系统演化的起点不在磁绳的平衡位置，因此，演化一开始磁绳就快速向上运动，在周围日冕中产生多种可为观测所证实的扰动。我们的主要结果罗列如下：

(1) 由上面的结果可得到：当磁绳向上运动的速度超过当地的磁声波速度时，就会在磁绳的顶部形成弓激波，此结果与 Lin 等 [164] 的理论结果以及 Chen 等 [28] 的模拟结果相同。而此弓激波是产生 II 型射电暴的源。

(2) 为了更深入地了解快模波的性质，研究了磁绳以及周围等离子体速度的散度。我们发现，快模波的传播能达到日面，当它扫过色球层时，就会产生莫尔顿波。

(3) 我们也研究了速度的旋度，发现在磁绳的上部紧贴着磁绳存在着一对慢模波，刚开始该慢模波与快模波的回声 (当快模波传播到日面时，日面上某一高度发生任一扰动，就会产生回声) 连在一起，随着演化的不断进行，慢模波会逐渐与快模波分开，而且慢模波与快模波传播的高度层次有明显不同，慢模波在日冕中存在明显的特征，但不会到达日面。这个结果很重要，它很可能表明慢模激波是 EIT 的驱动源。虽然模拟出来的速度大小与观测中得到的大小有出入，但我们是通过数值方法模拟一个物理过程，目的是找出这一物理过程中的一些物理现象和物理规律，而不是对客体的完全再现。

(4) 当快模波传播到色球层时，就在色球层中激发了莫尔顿波，并且该快模波是产生 II 型射电暴的源；而慢模波对应于日冕中的 EIT 波，我们认为的这种产生机制，恰好能解释观测中发现的 II 型射电暴速度与 EIT 波的速度没有关系，而与莫尔顿波的关系很明显。

(5) 随着磁绳的向上运动，会在磁绳的两个侧翼以及磁绳周围形成暗区，并且随着时间的变化，暗区的区域也随之改变，由我们给出的全局密度的空间分布可看出三点：一是由图可明确地看出暗区的物质密度小于背景场的物质密度，这进一步说明了暗区是由于密度的损失引起的，这一点与理论研究 [3] 以及观测结论 [127] 是一致的；二是暗区的区域不断变大，这一点可能说明暗区内存在着速度较大的外流，而在观测中也发现了该现象 [128]；三是被 CME 带走的一部分物质也有可能来自于太阳较低部的色球层，此点与观测中 [127] 的观点吻合。

第4章 等温大气中日冕 EUV 波的数值研究

4.1 摘　　要

在第 3 章中，我们研究了均匀大气中的 CME 伴生现象。到目前为止，由于受到所用程序数值算法的影响，一些学者也只是对均匀大气中 CME 的伴生现象做了数值研究。而 Lin 等 [129, 130] 通过求解解析解发现，对背景场采用不同的密度模型，背景场阿尔文速度 (v_A) 以及电流片中心点处的 v_A 随高度的变化会有很大不同，进而导致磁绳的演化过程也有很大的不同：均匀大气模型中背景场 v_A 以及电流片中心点处的 v_A 随高度下降得非常快，而磁重联被很快抑制住，导致灾变发生后的磁绳基本上不可能逃逸出去。而在等温大气中，密度随高度的下降远远快于磁场随高度的下降，这就使得 v_A 能够有较大的数值，而磁重联也得以较快的速度进行，使得磁绳在等温大气中能较容易地逃逸出去。因此在 Lin 等 [129, 130] 研究结果的启发下，本章对等温大气中磁绳的动力学演化过程以及其伴生现象进行数值研究，并且对在均匀大气和等温大气中磁绳的动力学演化特征进行比较和分析 [33]。

4.2 研究背景介绍

Lin 和 Forbes[129] 在磁通量绳灾变模型的研究上做了重要贡献。他们研究了由灾变过程驱动的磁重联如何帮助磁通量绳逃逸而形成 CME，以及磁通量绳的运动又是如何反过来影响磁重联过程。当磁重联发生时，图 4.1 中的磁场位形一般是不会处于平衡状态的，其具体细节由磁重联速率 M_A 决定。M_A 也称为阿尔文–马赫数，它是磁场和等离子体流入重联区或电流片的流速 (v_{in}) 与电流片附近的阿尔文速度 (v_A) 之比。

当 $M_A = 0$ 时，由于磁能难以进一步转化为动能和热能，磁通量绳灾变过程不可能进一步发展成真正意义的爆发。这是因为与电流片同步增长的磁张力将最终阻止爆发的发生，如图 4.1(a) 所示。为了灾变过程进一步产生爆发现象，磁重联必须以足够快的速率在电流片中发生，使得电流片能够足够快地被耗散掉以阻止磁张力的增强。

当 $M_A \to \infty$ 时，灾变发生后，磁通量绳的逃逸是不受任何阻拦的，CME 的形成是没有任何问题的。这时，由于电流片被无限快地耗散掉，故在电流片的位置上出现一个 X 形中性点，如图 4.1(b) 所示。

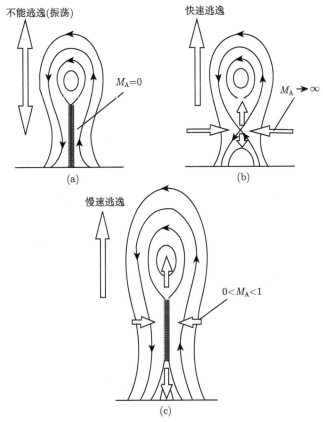

图 4.1 灾变发生后三种可能出现的结果

(a) 磁重联不发生, $M_A = 0$, 电流片的下端一直与边界相连; (b) 磁重联以极快的速度进行, $M_A \to \infty$, 只有 X 形中性点存在, 电流片无法形成; (c) 磁重联以合理的速度进行, $0 < M_A < 1$, 电流片的下端脱离了边界面 [50]

而在实际的日冕等离子体中, 完全不耗散的电流片 (即 $M_A = 0$) 显然是不存在的, 而假设耗散强到电流片根本无法形成的过程 ($M_A \to \infty$) 也是不现实的. 因为当 $M_A > 1$ 时, 在电流片的两侧就会形成快模激波. 所以, 无论是哪一类磁重联在 CME 过程中发生, 比较肯定, 也是比较合理的结论是 M_A 必须在 0 和 1 之间, 即 $0 < M_A < 1$[50], 如图 4.1(c) 所示.

到底 M_A 必须多大才有可能使一次灾变过程进一步发展成 CME 呢? Lin 和 Forbes[129] 从理论上对这个问题进行了仔细的研究. 他们发现, 如果日冕是均匀大气, 即日冕等离子体密度随高度不变, 那么背景场的阿尔文速度会随着高度快速下降, 如图 4.2(a) 虚线部分所示, 其下降速度远大于等温大气中背景场阿尔文速度的下降速度 (图 4.2(a) 实线部分). 图 4.2(b) 描述的是当 $M_A = 1$ 时, 电流片中心点所在位置处的 v_A 随磁绳高度变化的曲线图. 由此曲线我们发现, 磁绳在相同高度处，在等温大气中当地的 v_A 比在均匀大气中相应的 v_A 大。他们的结果是：当日冕是均匀大气时，即使 $M_A > 1$，磁通量绳也不会逃逸出去。这表明 M_A 只是对磁重联的一个相对描述，而磁重联发生的有效性受控于当地的 v_A，它决定着磁重联处的能量转化情况。而又因为 v_A 是等离子体密度的函数，所以 CME 的动力学特征与日冕等离子体的密度分布是紧密的相关。他们还发现，如果日冕是等温大气，即日冕等离子体密度随高度呈现指数形式下降，那么此时当地的 v_A 比均匀大气时相应的 v_A 大，任何大于 0.005 的 M_A 就可以使得磁通量绳的逃逸，即灾变发展成 CME 成为可能。如果 $0.005 < M_A < 0.041$，相应的磁重联不能足够快地将电流片耗散掉，与电流片同步增长的磁张力可能一度变得很强，而使磁通量绳在逃逸之前，经历一段时间的减速过程。如果 $M_A > 0.041$，磁重联就能够足够快地将电流片耗散掉而使磁通量绳不必经历减速过程。

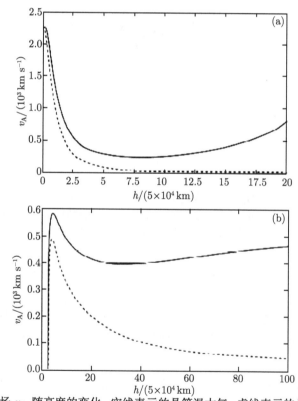

图 4.2　(a) 背景场 v_A 随高度的变化，实线表示的是等温大气，虚线表示的是均匀大气；(b) 在 $M_A = 1$ 时，电流片中心点处 v_A 随磁绳高度变化曲线图，实线表示的是等温大气，虚线表示的是均匀大气 [129]

　　由 Lin 和 Forbes[129] 以上的结果，我们知道不同的背景场密度 (background density) 分布模型会对磁通量绳的动力学演化特征产生影响。但是，或许受所用程序数值算法的限制，目前在通过数值方法对磁通量绳动力学演化过程的研究方向上，绝大部分学者考虑的只是均匀背景场密度分布情况，基本上还没有考虑非均匀背景场密度分布。

在这部分工作中，我们将用数值模拟的方法研究等温大气 (即背景场中等离子体密度分布随高度呈指数形式下降) 中磁绳的动力学演化特征，并且对该过程中 EUV 波的产生及演化过程做进一步的数值研究，并把该情况下的研究结果与均匀大气中所取得的相应结果进行比较分析。

4.3 计算涉及公式及背景场处理方法

在此部分的工作中，我们的计算还是针对一个位于 xy 上半平面的磁场结构进行。在该结构中用一个带电流的无限长的磁通量绳来描述悬浮于日冕当中的日珥或暗条。在我们选定的坐标系中，下边界 $y = 0$ 代表光球表面，而 $y > 0$ 则代表色球和日冕 (图 4.3)。在任何时候，包含无力场的磁通量绳位于 y 轴上，高度为 h 的位置。磁绳不存在时的背景场由一个位于光球表面以下的线磁偶极子产生。由于对称性，磁绳总是沿着 y 轴运动。

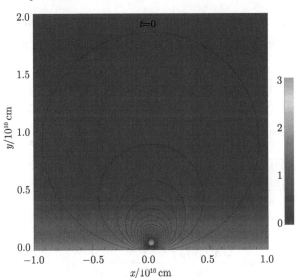

图 4.3　背景场是等温大气时，磁力线与背景场密度的初始分布 (后附彩图)

实线代表的是磁力线，有颜色部分代表的是背景场密度分布；右边的颜色棒表示密度大小分布情况

在直角坐标系下，我们所求解的二维 MHD 方程组与第 3 章中的 MHD 方程组除动量方程外，其余方程相同。此时，在动量方程的右端我们考虑到了重力 $(\rho(GM_\odot)/(R_\odot + y)^2)$，其中万有引力常数 $G = 6.672 \times 10^{-8}$ dyn·cm^2·g^{-2}(1 dyn=

10^{-5} N)，太阳质量 $M_\odot = 1.989 \times 10^{33}$ g，太阳半径 $R_\odot = 6.963 \times 10^{10}$ cm。为了节约空间，其余与第 3 章相同的 MHD 方程在此不再一一列出，即式 (3.1) 和式 (3.3)～(3.7)，这些方程的具体表示形式可以参见第 3 章。如上所述，由于本章考虑了重力作用，所以第 3 章中的式 (3.2) 相应变为以下的形式：

$$\rho \frac{\mathrm{D}\boldsymbol{v}}{\mathrm{D}t} = -\nabla p + \frac{1}{4\pi} \boldsymbol{J} \times \boldsymbol{B} + \rho \frac{GM_\odot}{(R_\odot + y)^2} \hat{\boldsymbol{r}} \tag{4.1}$$

其中 $\hat{\boldsymbol{r}}$ 是单位矢量，方向和重力方向一致。

在本章，我们沿用了除背景场压强 (p_0) 和背景场密度分布 (ρ_0) 之外，与第 3 章相同的标记及初始条件，这些相同部分在此也不再累述，具体形式可参见第 3 章中的式 (3.8)、式 (3.9) 和式 (3.12)～(3.19)。现仅对背景场压强和密度分布做说明。这里在处理背景场时，采用了在初始状态，先把背景场固定住的方法，即对背景场而言，压力梯度力与重力平衡，又由假设的背景场大气是等温的，因此就可以把背景场压强和密度分布的具体表达式求出。此方法所涉及的方程如下：

$$\nabla p_0(y) = -\rho_0(y) \frac{GM_\odot}{(R_\odot + y)^2} \tag{4.2}$$

$$p_0(y) = \frac{\rho_0(y)}{m_\mathrm{p}} kT_0 \tag{4.3}$$

其中，质子质量 $m_\mathrm{p} = 1.672 \times 10^{-24}$ g，玻尔兹曼常数 $k = 1.380662 \times 10^{-16}$ erg·K^{-1} (1 erg=10^{-7} J)，初始温度 $T_0 = 10^6$ K。由以上两个方程可以求解出如下的背景场压强和密度分布：

$$p_0(y) = n_0 kT_0 \exp\left[\frac{GM_\odot m_\mathrm{p}}{kT_0}\left(\frac{1}{R_\odot + y} - \frac{1}{R_\odot}\right)\right] \tag{4.4}$$

$$\rho_0(y) = n_0 m_\mathrm{p} \exp\left[\frac{GM_\odot m_\mathrm{p}}{kT_0}\left(\frac{1}{R_\odot + y} - \frac{1}{R_\odot}\right)\right] \tag{4.5}$$

其中，太阳表面离子数密度 $n_0 = 10^{12}$ cm^{-3}。这样，第 3 章中的表达式 (3.10) 和 (3.11) 在此章中相应地变为

$$p = n_0 kT_0 \exp\left[\frac{GM_\odot m_\mathrm{p}}{kT_0}\left(\frac{1}{R_\odot + y} - \frac{1}{R_\odot}\right)\right] - \int_{R_-}^{\infty} B_\phi(R) j(R) \mathrm{d}R \tag{4.6}$$

$$\rho = n_0 m_\mathrm{p} \exp\left[\frac{GM_\odot m_\mathrm{p}}{kT_0}\left(\frac{1}{R_\odot + y} - \frac{1}{R_\odot}\right)\right]$$
$$\times \left(p \Big/ \left(n_0 kT_0 \exp\left[\frac{GM_\odot m_\mathrm{p}}{kT_0}\left(\frac{1}{R_\odot + y} - \frac{1}{R_\odot}\right)\right]\right)\right)^{1/\gamma} \tag{4.7}$$

在这部分工作中，计算区域的大小是 $[-L, L] \times [0, 2L]$，格点数是 400×400。底部的边界是物理边界，其余边界是自由边界，即磁场和等离子体可以在这些边界上自由出入。

4.4 计 算 结 果

图 4.3 给出了在等温大气中,初始状态 $t = 0$ 时磁力线和密度的分布情况,右边的颜色棒代表了密度大小分布情况。由图 3.1 和图 4.3 我们可以观察出:在均匀大气和等温大气下,背景场的密度分布是明显不同的。在前者情况下,背景场密度分布的颜色是均匀的深蓝色,而在等温大气中,其密度分布随高度从低处到高处,颜色由浅蓝色逐渐过渡到深蓝色。从图 4.3 右边的颜色棒可知:等温大气下,随着高度由下到上的增加,背景场的密度是由大到小变化的。这一点从图 4.5 中箭头所示的 "背景场密度" 那个面随 y 轴的变化趋势中,也可以清晰地看出,随着 y 轴方向高度的降低,"背景场密度" 那个面逐渐翘起,即背景场的密度逐步随 y 方向高度的降低而增加,而在图 3.3 中,箭头所指的 "背景场密度" 面是平的,即沿着 y 轴方向背景场的密度随着高度的变化始终是常数。图 4.5 展示的是背景场是等温大气时,在 xy 平面上密度分布随时间的演化。图中的 xy 平面在水平 (垂直于纸面的) 方向延伸,密度高度由垂直方向的数值表示。图中随着 y 方向高度降低而逐渐翘起的那个面表示的是背景场。那个呈尖峰状的,密度很高的区域表明了磁通量绳的位置;密度低于磁绳,但是稍稍高于背景场的弧形结构表示的是快模波的形状及其位置;而密度低于背景的部分,则对应着 CME 爆发过程中出现的暗区;以上所述的具体位置可参见图中箭头所示。由该图可清楚地看出激波的传播过程以及暗区的演化情况,激波不断地向外传播,暗区的面积不断扩大。如上所述该图与图 3.3 的一个重要不同之处就是,在该图中,背景场密度随高度是变化的,而在图 3.3 中,背景场密度随高度是不变的。从图 3.4 和图 4.6 中,也可以进一步看出在这两种情况下,背景场密度分布的不同。在图 3.4 中,箭头 "背景场" 所指的那条线随着 y 方向高度的增加是水平的,而在图 4.6 中,箭头 "背景场" 所指的那条曲线随着高度的增加是逐步降低的。图 4.6 是在等温大气中,密度沿 $x = 0.0$ 这条线随时间的演化图。图中的箭头标出了磁绳和暗区的位置,以及背景场密度分布情况和在不同时刻激波的位置。该演化图进一步向我们展示了弓激波的形成以及向外传播的过程。

由于初始状态 $t = 0$ 时,磁绳处于非平衡态,背景场对磁绳的吸引力小于镜像电流作用于磁绳的排斥力,所以磁绳开始时会迅速地向上运动。当磁绳向上运动的速度过大,使得引起的扰动向外传播的速度超过当地的磁声波速度时,就会在磁绳的上部形成一个弓激波,如图 4.4 所示,与背景场是均匀大气时类似,随着演化时间的不断向前推进,该弓激波不断地向上运动,并逐渐地跨越整个磁通量绳而且不断地向磁通量绳的侧后方扩展,在大概 $t = 300$ s 时,弓激波横跨了整个磁绳,并且向下触到了太阳表面,分别在磁绳两侧的后方的位置形成了一对回声。此回声在图

4.7 中也可以清晰地看出, 位置如图中箭头所示。而与背景场是均匀大气时不同的是, 弓激波在此情况下, 当 $t = 550\,\mathrm{s}$ 左右时, 已经到达左右计算边界 (如图 4.4 和图 4.7 所示, 图 4.7 表示的是速度散度随时间的演化情况, 后面会对该图做详细说明); 而在均匀大气中, 在 $t = 550\,\mathrm{s}$ 时, 弓激波离左右计算边界还有一段距离 (如图 3.2 和图 3.6 所示)。

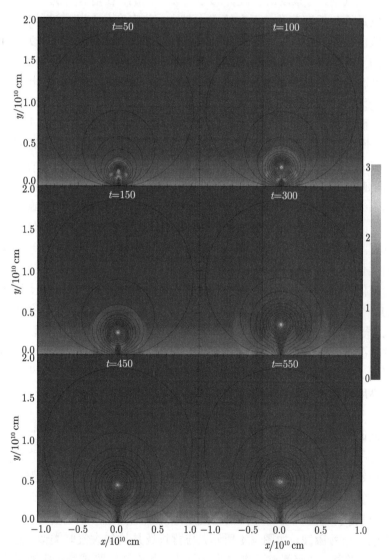

图 4.4　背景场是等温大气时, 爆发过程中等离子体密度与磁场随时间的演化 (后附彩图)

颜色部分代表密度分布, 实线代表的是磁力线; 右边的颜色棒表示密度大小分布情况, 时间以秒为单位

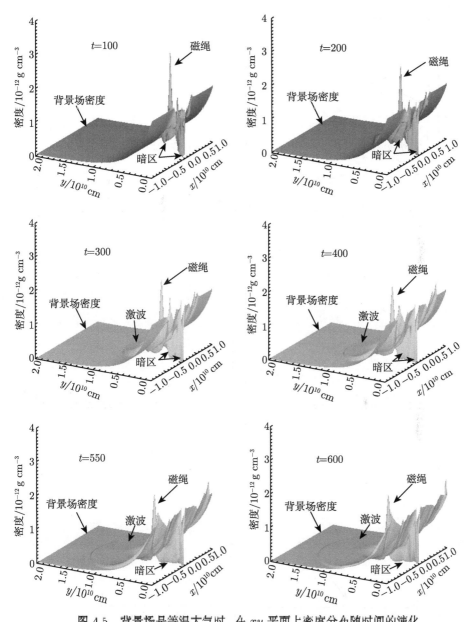

图 4.5 背景场是等温大气时, 在 xy 平面上密度分布随时间的演化

xy 平面在水平方向延伸, 密度高度由垂直方向的数值表示。磁通量绳、弓激波、暗区所在位置以及背景场密度分布情况如图中箭头所示, 时间以秒为单位

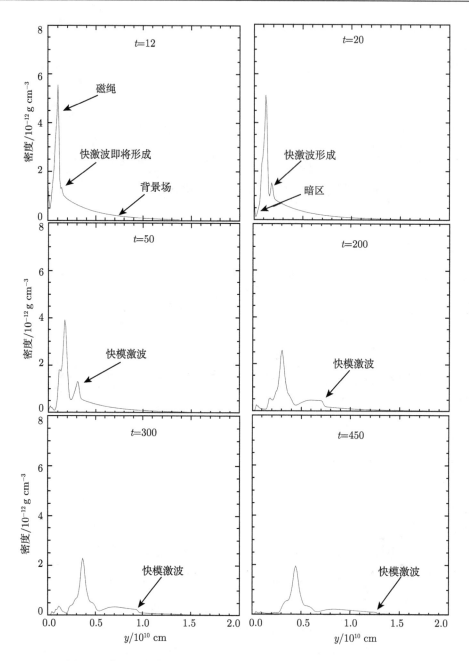

图 4.6　背景场是等温大气时, 沿 $x = 0.0$ 的密度分布随时间的演化

磁通量绳、弓激波、背景场以及暗区的位置如图中箭头所示, 时间以秒为单位

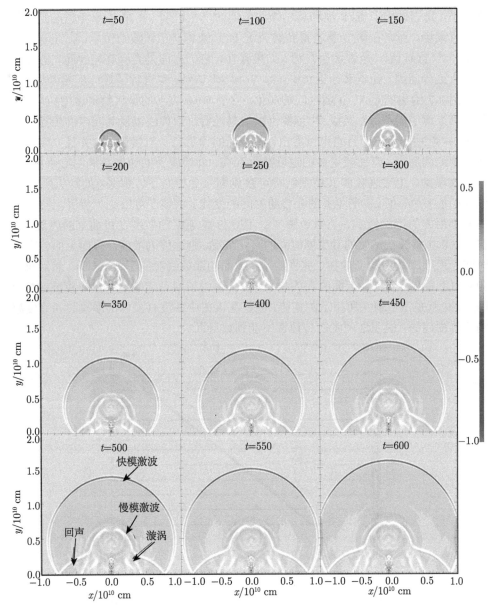

图 4.7 背景场是等温大气时，在爆发过程中，速度散度 $(\nabla \cdot \boldsymbol{v})$ 随时间的演化

弓激波以及其回声、慢激波及速度漩涡的分布如箭头所示，右边的颜色棒表示速度散度大小分布情况，时间以秒为单位

在第 3 章中，通过考察 CME 传播过程中周围流体的速度的散度 $(\nabla \cdot \boldsymbol{v})$ 和旋度 $(\nabla \times \boldsymbol{v})$，获得了除快模激波和暗区以外的其他一些动力学特征，这些结果为我们了解 EIT 波和莫尔顿波的产生机制提供了帮助；并且通过这些信息和目前的观

测结果, 我们提出了 EIT 波和莫尔顿波可能的产生机制。在第 4 章考虑的是均匀大气背景场, 那么在第 3 章所得到的关于 EIT 波和莫尔顿波的信息, 在该章节中 (等温大气背景场), 是否还存在呢? 如果存在, 它们之间是否存在差异呢? 因此为了解决这一问题, 在本部分工作中, 对 $\nabla \cdot v$ 和 $\nabla \times v$ 也进行了进一步的考察。

图 4.7 给出的是 $\nabla \cdot v$ 随时间的演化。由于 $\nabla \cdot v$ 表示的是气体可压缩程度, 因此与第 3 章中的图 3.6 类似, 由该图可以清楚地看出快模波以及其回声的传播过程 (如图中箭头所示); 而且也可以看出, 在磁绳的顶部有一对慢激波, 并且分别在磁绳两侧的侧后方, 有比较明显的速度漩涡存在, 此情况下的速度漩涡明显于图 3.6 中的该现象。上述现象和其精细结构可参见图 4.7 中左下方那张 (如箭头所示)。图 4.9 是 $\nabla \cdot v$ 在 xy 平面上的分布随时间的变化。由该图可以进一步看出位于磁绳两侧后方的速度漩涡。类似于图 3.8, 图 4.8 是速度的散度在日面上的表现, 即在 $y = 0$ 这条线上速度的散度随时间的演化情况。把速度的散度在日面上的分布按时间先后顺序从下向上放在一张图中, 最下面的那条线对应于 $t = 50$ s, 然后每隔 50 s 向上累加, 直到最上面的那条线 $t = 550$ s。由该图可清楚地看出快模波的传播趋势, 也就是图中箭头所指示的走势, 但是在该图中并没有显示出慢模波和速度漩涡的传播趋势, 说明这两者的传播都不能到达日面。

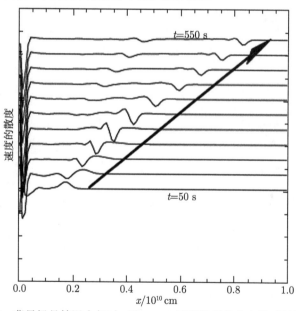

图 4.8　背景场是等温大气时, 沿 $y = 0$ 速度散度的分布随时间的演化

同样, 在图 4.4 中, 也可以发现磁绳两个侧翼处附近的磁力线会产生扰动, 在发生扰动的后部区域以及弓激波与磁绳之间的区域会有低密度区域 (也就是我们通常所说的"暗区") 出现 (图 4.4 中的较深色部分和图 4.5 中低于背景场的部分,

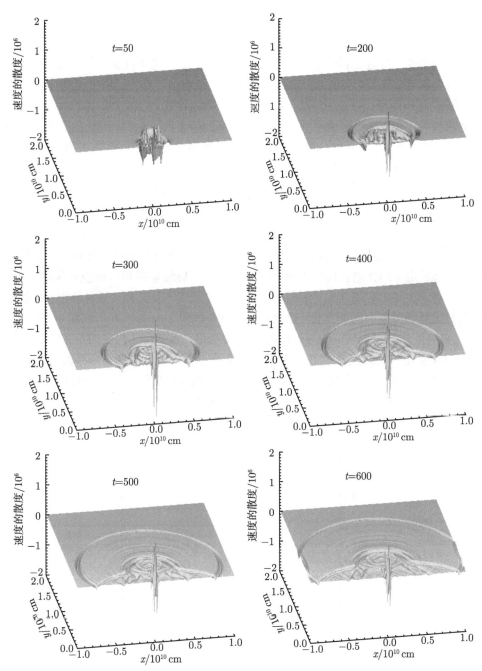

图 4.9　背景场是等温大气时，在爆发过程中，xy 平面上 $\nabla \cdot v$ 的分布随时间的变化，
时间以秒为单位

如箭头所示)，而且随着演化的 不断进行，"暗区"不断变大，此变化由图 4.5 可以

清楚地看出。随着演化时间的不断地向前,"暗区"也不断地向上推进 (见图 4.6 和图 4.4)。

不同的是,在图 4.4 中可以发现在边界层以上的介质中有扰动的迹象,此现象在图 4.7(如 "漩涡" 箭头所示) 和图 4.9 中明显地看出;而且此物质扰动会随着时间不断地向外传播。图 3.2 和图 4.4 另一个不同之处是,约在 $t = 50$ s 时,后者在磁通量绳的下面,已经形成了 X 形中性点,但此时在图 4.2 中,还没有形成该磁场位形,而是在 $t = 100$ s 左右时,才形成了类似的磁场结构。一般有 X 形中性点形成就说明有磁重联发生,这也就意味着开始形成耀斑。

另外,图3.2 和图 4.4 不同的地方还有:在相同的演化时刻 (尤其在 $t = 50$ s 后),磁通量绳的高度明显地不同,磁绳在前者的高度低于在后者的高度。弓激波的高度在这两种情况下也不同 (见图 4.5 和图 4.10)。图 4.10 表示的是背景场是等温大气时,弓激波高度与磁绳高度随时间的变化。实线表示的是弓激波,而虚线表示的是磁绳。为了定量地比较在均匀大气和等温大气中,磁通量绳和弓激波高度的不同,我们又进一步做出了图 4.11。该图给出的是均匀大气和等温大气背景场中,弓激波高度与磁绳高度随时间的变化,也就是把图 3.5 和图 4.10 合并在一张图中。"磁绳 1" 代表的是在均匀大气中磁绳高度随时间的变化,"磁绳 2" 代表的是在等温大气中磁绳高度随时间的变化,"快模激波 1" 代表的是在均匀大气中弓激波高度随时间的变化,"快模激波 2" 代表是在等温大气中弓激波高度随时间的变化。由此图可清晰地看出,在相同的时刻,在等温大气中磁绳和弓激波的高度都分别高于均匀大气中的高度;而且,在相同的时刻,等温大气中弓激波和磁绳的高度差与均匀大气中两者的高度差基本相同。

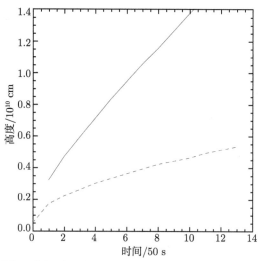

图 4.10　背景场是等温大气时,弓激波高度 (实线) 与磁绳高度 (虚线) 随时间的变化

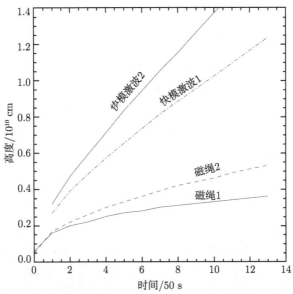

图 4.11　均匀大气和等温大气背景场中, 弓激波高度与磁绳高度随时间的变化

"磁绳 1" 是在均匀大气中磁绳高度随时间的变化, "磁绳 2" 是在等温大气中磁绳高度随时间的
变化, "快模激波1" 是在均匀大气中弓激波高度随时间的变化, "快模激波 2" 是在等温大气中弓激波
高度随时间的变化

图 4.12 给出的是 $\nabla \times v$ 随时间的演化情况。由该图, 我们可观察出与图 3.9
类似的现象。与图 4.7 相比, 除快模波、快模波的回声之外, 在该图中慢模波的特
征更加明显。在该图中, 也可以看出在紧贴磁通量绳上方的那对慢激波, 而且在
磁通量绳下端佩切克式的慢模激波仍然存在; 并且分别在磁绳两侧的侧后方有较
复杂的小结构存在, 这些小结构很可能与图 4.7 中的 "漩涡" 相对应。在图 4.13
($\nabla \times v$ 在 xy 平面上的分布随时间的变化) 中, 这些结构也可以看出。另外, 从
图 4.12 中, 还看到快模波的足点扫过了太阳表面, 形成回声, 而且该足点随着时
间的演化, 不断地向外传播, 而慢模激波并没有到达日面。为了对此点做进一步的
研究, 我们又研究了速度的旋度在日面上的表现 (图 4.14 上) 以及速度的旋度在离
日面 $y = 3.5 \times 10^4 \text{km}$ 高度处随时间的演化 (图 4.14 下)。从图 4.14(上) 仅能看到
快模波的传播趋势 (箭头所示), 而得不到慢模波及速度漩涡的传播信息。但是由
图 4.14(下), 可以明显地看出有两个传播趋势存在 (如箭头所示), 其中右边箭头所
示的是快模波传播趋势, 左边那个箭头所示的是慢模波及速度漩涡的传播走势。我
们也试着考察了慢波及速度涡漩在 $y = 2 \times 10^4$ km 高度处的影响, 但没有发现任
何痕迹。由图 4.14(下), 我们注意到由快模波和慢模波引起的扰动向外边扩散的速
度存在着差异, 随着演化时间的推进, 两传播趋势之间的距离越来越大。通过进一
步的计算, 发现慢激波及速度漩涡向外扩散的速度约为 $67 \text{ km} \cdot \text{s}^{-1}$, 而快模波向外扩

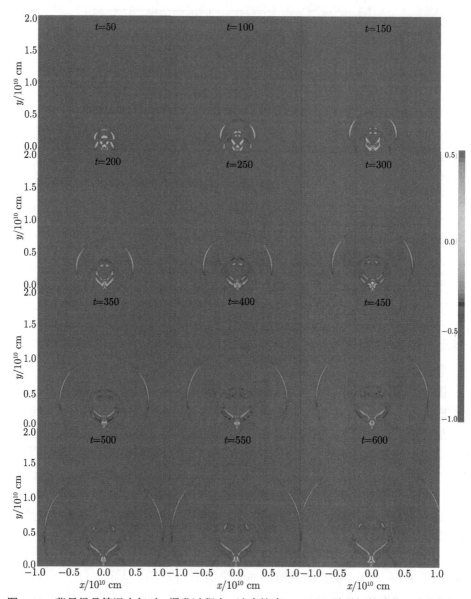

图 4.12　背景场是等温大气时，爆发过程中，速度旋度 ($\nabla \times \boldsymbol{v}$) 随时间的演化 (后附彩图)

右边的颜色棒表示速度旋度大小分布情况，时间以秒为单位

散的速度约为 138 km·s^{-1}。由图 4.14 可知，快模波和慢模波及速度漩涡传播到达的高度层次不同，快模波传播时能向下到达日面，并且随着时间的演化，其在日面的足点也随之向外传播；而慢模波及速度漩涡的传播不能到达日面，最终消失在日面上的某个高度处。我们的计算表明，这个高度位于日面上 20000~35000 km。

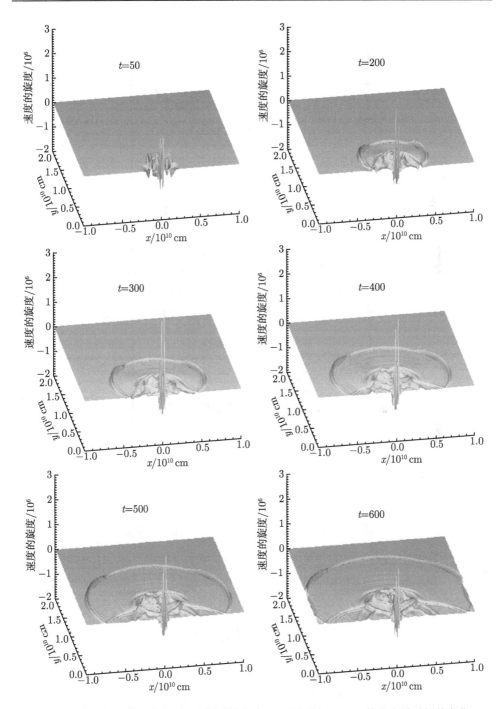

图 4.13 背景场是等温大气时, 在爆发过程中, xy 平面上 $\nabla \times v$ 的分布随时间的变化,
时间以秒为单位

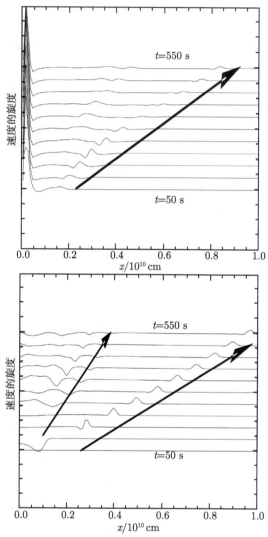

图 4.14　背景场是等温大气时，爆发过程中，速度旋度在不同大气层中的分布随时间的演化

上图：速度旋度沿 $y=0$ 的分布随时间的演化；下图：速度旋度沿 $y=0.35$ 的分布随时间的演化

4.5　讨论和总结

在第 3 章工作的基础上，本章用 ZEUS-2D 程序研究了当背景场是等温大气，并考虑重力的作用时，伴随 CME 的爆发，在周围介质中产生的一些扰动现象，并把此部分所获得的结果与前一章的结果相比对。另外，还研究了在均匀大气和等温大气中，磁通量绳向上逃逸的不同的动力学过程，并把此结果与 Lin 等 [129, 130] 的

解析结果做比较和分析。

在这一部分工作中，除了考虑等温大气中的密度分层之外，其他的初始条件与第 3 章当中所采用的初始条件相同。主要结果如下：

(1) 等温大气中的阿尔文速度 v_A 大于在均匀大气中的 v_A，而磁重联的速率是受控于当地的 v_A，v_A 值越大，就有越多的磁能可以经磁重联转化为动能和热能。能量转化的速率越快，磁通量绳越容易逃逸出去。由图 4.11 可知，磁通量绳在等温大气中的高度大于均匀大气中的高度，此点表明，磁绳在等温大气背景场中较容易逃逸出去。这与 Lin 和 Forbes[129, 130] 的结论相同。

(2) 通过磁力线和密度演化图 (图 4.4)，可以看出在 $t = 50$ s 时，均匀大气和等温大气中的磁场位形存在着差异。在均匀大气中，此时在磁绳的下端没有形成 X 形中性点，而此时在等温大气中有 X 形中性点形成。这一点说明在等温大气中更容易发生磁重联，进一步证实我们的数值结果与 Lin 和 Forbes[129] 理论结果的一致性。

(3) 在等温大气中由于考虑了物质密度的分层，爆发过程中，磁绳侧后方介质的扰动现象更明显。这样促进了慢激波和速度漩涡之间的耦合。

(4) 通过研究速度的散度和旋度相关信息，我们在快、慢激波及速度漩涡方面得到了与第 4 章类似的结果，得到在此情况下的快模激波和慢模激波传播速度更快，扰动更加明显。

(5) 当背景场是等温大气时，随着磁绳的向上运动，同样会在磁绳的两个侧翼以及磁绳周围形成暗区，并且随着时间的推移，暗区的大小也随着改变，由此可得出结论：暗区是由于密度的突然下降引起的，而暗区的减小和消失则与磁重联带入的磁场物质对该区域的填充有关。

Lin 和 Forbes[129] 通过求解解析解的方法，在磁通量绳灾变模型方面取得了重要进展，他们研究了由灾变驱动的磁重联是如何帮助磁绳逃逸出去的，以及磁绳的运动反过来又是如何影响磁重联的。他们发现，背景场不同的密度分布会对磁通量绳灾变发展为 CME 产生很大的影响。而在此部分工作中，我们通过数值方法得到了与 Lin 和 Forbes[129] 一致的结果。另外，通过把均匀大气和等温大气中得到的有关 EIT 波和莫尔顿波的信息，进行比对，发现在这两种情况下，我们得到了相同的 EIT 波和莫尔顿波产生机制。关于 EIT 波和莫尔顿波产生机制问题，尤其是 EIT 波的产生机制，目前仍处于激烈的争论之中，今后随着高分辨率望远镜的投入增加，对 CME 及其各种伴生现象的研究会越来越全面。

第5章 日冕 EUV 波多分量细节演化特征的数值研究

5.1 摘　　要

我们在 Wang 等 [33] 工作的基础上, 对模拟精度做了提高, 然后数值研究了伴随 CME 发生过程中, 波动现象的细节演化特征及其传播过程。我们关注的焦点主要是速度漩涡和快模波的反射及折射部分对日冕 EUV 波所做的贡献。初时日冕磁场结构处于非平衡态, 磁通量绳开始时会迅速地向上运动, 当磁绳向上运动引起的扰动向外传播时, 会逐渐演化成为一个强间断面, 于是就会在磁绳的上部形成一个弓激波, 此激波是 II 型射电暴形成的源。随着时间的不断向前推进, 该弓激波不断地向上运动且不断地向两边扩张。因为我们考虑的背景场是与实际比较贴近的非均匀密度场, 因此随着快激波不断向磁绳侧翼处扩张, 会产生向上传播的反射和向下传播的折射, 当向下传播的折射部分到达太阳表面时, 会产生一个微弱的回声。而当快模波的足点扫过太阳表面时, 会产生莫尔顿波, 因此莫尔顿波的产生拖后 II 型射电暴的产生。当快模激波到达太阳表面时, 会产生强回声, 且该回声会再次传播到日冕中。在该回声与慢模波相互作用的地方会产生次级回波 (secondary echo), 并且因为次级回波与速度漩涡的相互作用, 会使周边的磁力线产生扭曲变形, 从而说明, 引起 EUV 波的原因有多种。由每个起因造成的后果之间会有相互作用, 这更增加了问题的复杂程度。因此由单一的起因来研究和解释 EUV 波是不够全面的 [184, 183]。

5.2 研究背景介绍

在观测中发现了 EUV 波的两种观测特征: 一是一个波由快和慢成分组成 [68]; 二是在 EUV 波传播的过程中, 出现了反射和折射现象; 而且, Yang 等 [153] 发现了被反射波激发的次级波在 2011 年 8 月 4 日 EUV 波事件中。虽然很多观测和理论研究都支持 EUV 波是快模 MHD 波 [4, 47, 52, 72, 92, 153], 但是一旦快模波产生后, 它是如何演化的还不清楚。因此, 很有必要通过数值模拟的方式来研究 EUV 波是如何产生和传播的, 这是我们这部分工作的内容。

在这部分工作中, 我们提高了计算精度, 对第 4 章中的等温密度背景场做了改进, 采用了与实际相贴近的非均匀密度背景场 [154], 详细地数值研究了波动现象产生和传播的细节过程, 这些细节部分在以前的数值研究 [33] 中是没有出现的。

5.3 物理模型及计算公式简介

除了初始的背景等离子体密度分布, 其余的初始条件与第 3、4 章相同, 不再一一列出。

对于初始的背景等离子体密度分布, 在 Wang 等 [33] 和 Mei 等 [155] 工作中, 背景等离子密度随离太阳表面高度的增加而趋于一个常数, 显然这是不现实的。因此, 在我们这个工作中, 对此做了改进, 采用了贴近实际的 S&G 大气密度模型 [154]。在 S&G 模型中, 等离子体密度是随着离太阳表面高度的平方反比趋于零。具体表达式如下:

$$
\begin{aligned}
&\rho_0(y) = \rho_{00} f(y) \\
&f(y) = a_1 z^2(y) \mathrm{e}^{a_2 z(y)} [1 + a_3 z(y) + a_4 z^2(y) + a_5 z^3(y)] \\
&z(y) = \frac{R_\odot}{R_\odot + y}
\end{aligned}
\tag{5.1}
$$

其中, $\rho_{00} = 1.672 \times 10^{-13}$ g·cm^{-3}, $a_1 = 0.001292$, $a_2 = 4.8039$, $a_3 = 0.29696$, $a_4 = -7.1743$, $a_5 = 12.321$, y 表示的是离太阳表面的高度。

对背景场而言, 压力梯度力与重力是平衡的, 即

$$
\nabla p_0(y) = -\rho_0(y) \frac{GM_\odot}{(R_\odot + y)^2}
\tag{5.2}
$$

因此由方程 (5.1) 和 (5.2), 可以得到初始背景的压强分布 $p_0(y)$。因此由下面方程可以得到初始的温度分布 $T_0(y)$

$$
p_0(y) = \frac{\rho_0(y)}{m_\mathrm{p}} k T_0(y)
\tag{5.3}
$$

其中, k 是玻尔兹曼常数。

因为初始的总压强包含气压和磁压, 所以由方程 (5.2), 可得到初始的压强分布和密度分布

$$
\begin{aligned}
&p = p_0 - \int_{R_-}^{\infty} B_\phi(R) j(R) \mathrm{d}R \\
&\rho = \rho_0 (p/p_0)^{1/\gamma}
\end{aligned}
\tag{5.4}
$$

计算区域的大小是 $(-4L, 4L) \times (0, 8L)$, 其中 $L = 10^5$ km, 格点数是 800×800。底部的边界是物理边界, 其余边界是自由边界, 即磁场和等离子体可以在这些边界上自由出入。

5.4　计 算 结 果

图 5.1 给出了初始状态 $t = 0$ s 时密度和磁力线的分布情况。这个时候磁绳处于非平衡态，背景场对磁绳的吸引力小于镜像电流作用于磁绳的排斥力，所以磁绳开始时会迅速地向上运动。当磁绳向上运动引起的扰动向外传播时，会逐渐演化成一个强间断面，于是就会在磁绳的上部形成一个弓激波，如图 5.2 和图 5.3 所示。快模激波形成后同时向两边和侧后方扩张，形成一个围绕磁绳的新月状特征，并在此过程中，在磁绳的两侧后方形成速度漩涡。

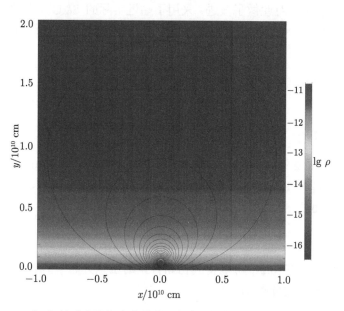

图 5.1　$t = 0$ s 时，初始磁力线与密度分布，右边是密度大小对应的颜色棒 (后附彩图)

图 5.2 给出的是磁绳向上运动的起始阶段，速度流场 (左) 以及速度散度的分布 (右)。从图 5.2 中可以发现：随着磁绳的向上快速运动及向两侧的快速膨胀，在磁绳的两侧翼处形成了速度漩涡，并且在此过程中，在磁绳的顶端处形成了快模激波。图 5.2 左下图中，红色和蓝色叉号分别代表着位于磁绳左侧漩涡的位置以及磁绳左边界的位置，在图 5.5 中，会具体研究这两个位置随时间的分布情况。

为了进一步验证快模激波形成的时间段，我们还考察了沿 $x = 0$(即中轴线) 等离子体的密度分布随时间的演化 (图 5.3)。从图中可看出：快模激波形成在 10 s 左右，也就是右边的第一个凸起点处，它一旦形成，就不断地向外传播。

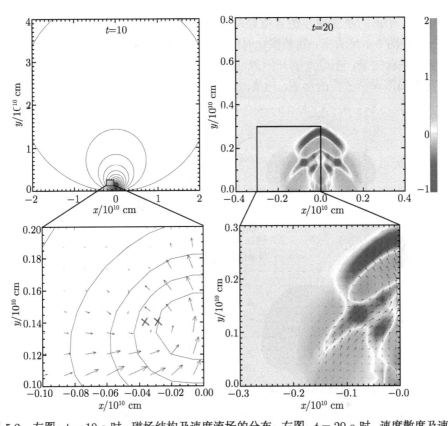

图 5.2　左图：$t = 10$ s 时，磁场结构及速度流场的分布；右图：$t = 20$ s 时，速度散度及速度流场的分布；下图是方形区域的放大部分(后附彩图)

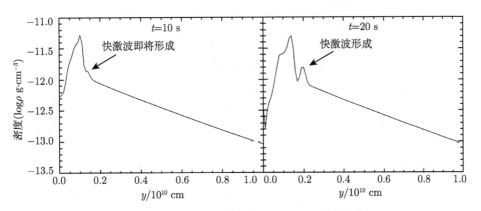

图 5.3　沿 $x = 0$(即中轴线) 密度分布随时间的演化

图 5.4 给出的是磁绳左边界位置与位于磁绳左侧漩涡的位置在不同时刻的分布情况。从图 5.4 可看出: 随着演化时间的不断向前推进, 磁绳与速度漩涡逐渐分开。值得注意的是, 在爆发刚开始时, 磁绳与漩涡是混在一起的, 不易分辨开来。随着磁绳顶部快模激波的形成, 速度漩涡与磁绳开始逐步分开。

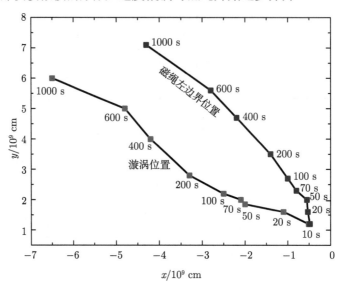

图 5.4   磁绳左边界位置与位于磁绳左侧漩涡的位置随时间的分布

在我们的数值模拟中, 由于考虑到等离子体的密度分布更贴近实际情况, 因此随着快模激波的下部端点向下和向后传播, 会形成反射和折射部分。为了研究发生在底部端点处的反射和折射现象及它们随时间的演化过程, 我们考察了等离子体的密度分布和磁场位形随时间的演化过程。图 5.5 是磁力线 (黑色曲线) 与等离子体的密度 (彩色部分) 随时间的演化。在图 5.5 中可看出: 随着快模激波下端点向下扩张, 在端点处附近形成了反射和折射现象, 即产生了反射和折射成分, 并且随着演化时间的推移, 折射波又产生了反射, 并返回到日冕中。

我们验证了在不同的时刻, 快模激波端点处入射角、反射角及折射角的变化, 如图 5.6 所示。可以发现: 随着入射角的变大, 反射角和折射角也随着变大。还进一步考察了折射率随时间的变化, 如图 5.7 所示。由图发现: 随着演化的进行, 折射率变大, 逐渐接近 1。

随着演化的进行, 快模激波的折射部分在向下扩张的同时, 也产生了折射现象, 为了验证这一点, 我们作出了速度散度在太阳表面的分布, 如图 5.8 所示。从图 5.8 中得到: $t = 100$ s 左右时, 快模激波折射部分的反射波到达太阳表面, 然后到 $t = 260$ s 左右时, 快模激波的反射部分到达太阳表面。

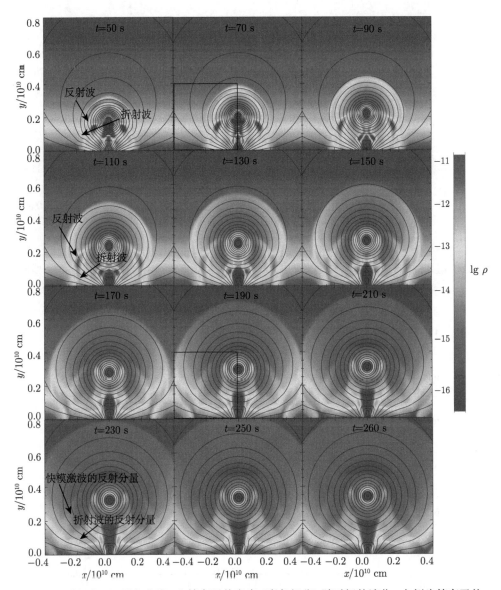

图 5.5 磁场位形 (黑色曲线) 和等离子体密度 (彩色部分) 随时间的演化, 左侧为等离子体
密度大小对应的颜色棒(后附彩图)

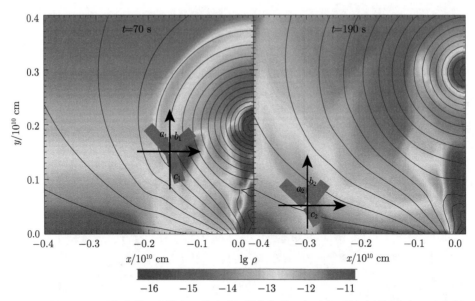

图 5.6　磁场位形 (黑色曲线) 和等离子体密度 (彩色部分) 在两个不同时刻的分布 (后附彩图)

a_1, b_1, c_1 及 a_2, b_2, c_2 分别是在两个时刻下，入射角、反射角和折射角；下侧为等离子体密度的颜色棒

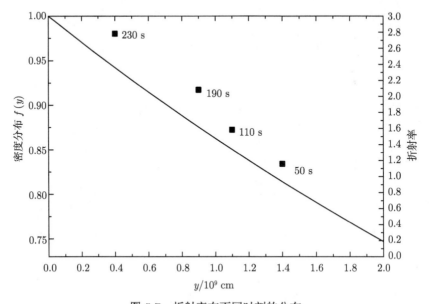

图 5.7　折射率在不同时刻的分布

图中黑色曲线是密度分布 $f(y)$ 随高度的分布，黑点代表的是在不同时刻快模激波在端点处的
折射率

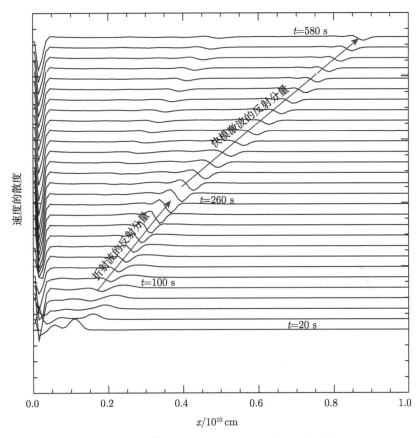

图 5.8　速度散度沿太阳表面的分布随时间的演化

当快模激波的下端点到达底边界时，会从低边界返回，在它的足点产生了一个回波，并传回日冕。这个回波又会与磁绳顶部的慢模激波相互作用产生次级回波，这几种模式的扰动在低日冕区相遇，形成了复杂的湍流。为此，我们分别作出了速度散度和速度流场的分布，如图 5.9 所示。

另外，我们还考察了速度旋度在 3 万 km 高度处的分布随时间的演化。如图 5.10 所示，可看出：在 3 万 km 高度处，首先快模激波的折射波到达了这个层次，然后是快模激波的下端点到达这个层面，再接着是快模波的回波，最后是次级回波。而这个高度与 EUV 波的产生高度是相同的。

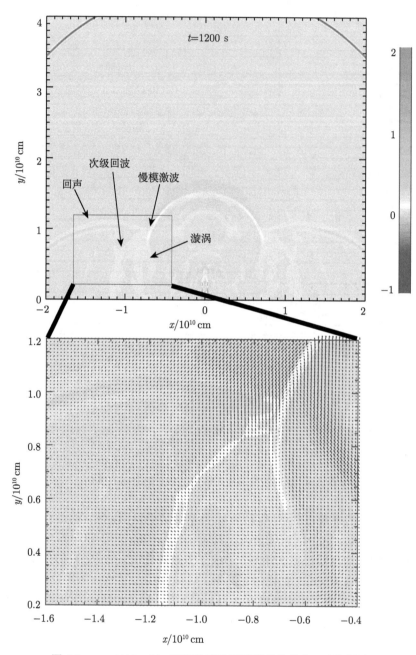

图 5.9　$t = 1200$ s 时, 速度散度和速度流场的分布 (后附彩图)

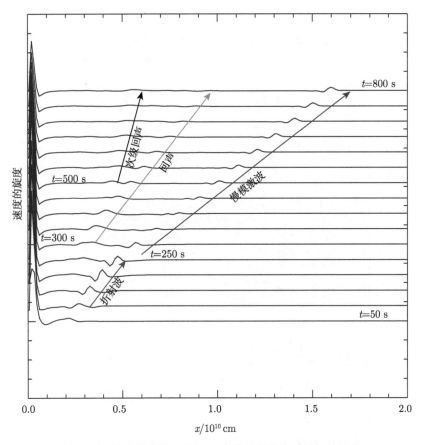

图 5.10　速度旋度沿 3 万 km 高度处的分布随时间的演化

　　为了更清晰地看到在低日冕区的各种扰动，还考察了密度分布，如图 5.11 所示。由于我们采用了更贴近实际的密度分布，并增加了计算精度，所以可得到更加丰富的细节，并获得更多信息。这从另一个方面说明，与莫尔顿波相比，引起 EUV 波的原因有多种。由每个起因造成的后果之间还会有相互作用，这就更增加了问题的复杂程度。因此由单一的起因来研究和解释 EUV 波是不够全面的。

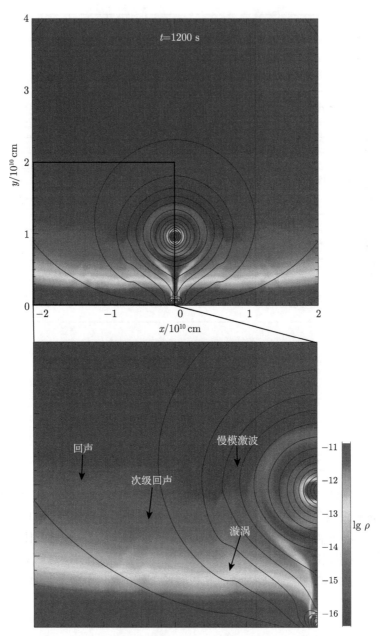

图 5.11 $t = 1200$ s 时,等离子体密度 (彩色部分) 和磁场位形分布 (黑色部分),右为等离子体
密度大小对应的颜色棒 (后附彩图)

5.5   讨论和总结

在 Forbes[156] 和 Wang 等 [33] 工作的基础上，我们利用磁流体动力学数值模拟程序 ZEUS-2D，在一个与实际贴近的等离子体环境中，较深入地数值研究了 CME 爆发后，周围日冕受到的扰动及可能的观测后果。我们所研究的日冕磁场结构中包含一个用以描述日珥或者暗条的载流磁通量绳。系统演化的起点不在磁绳的平衡位置。因此，演化一开始磁绳就快速向上运动，在周围日冕中产生多种可为观测证实的扰动。我们的主要结果罗列如下：

(1) 由上面的结果可得到，当磁绳的运动足够快时，在其前方产生的波动，就会很快发展成强间断面并在磁绳的顶部形成弓激波，此结果与 Chen 等 [28]、Magara 等及 Mei 等 [155] 的模拟结果相同。而此弓激波是产生 II 型射电暴的源。

(2) 磁绳向上快速运动的初期，会在磁绳的两个侧翼处形成速度漩涡，而且速度漩涡会向两侧运动；并随着演化时间的不断向前推进，漩涡逐渐与磁绳分开，这与 Cheng 等 [60] 观测结果是一致的。

(3) 数值实验中，因为考虑到等离子体的密度分布，随着快模激波的下部端点向下和向后传播，会形成反射和折射部分，并且折射部分也会发生反射现象，此折射波的反射部分也会返回到日冕中。

(4) 验证了在不同的时刻，快模激波端点处入射角、反射角及折射角的变化，发现随着入射角的变大，反射角和折射角也随着变大。

(5) 考察了折射率随时间的变化，发现随着演化的进行，折射率变大，逐渐接近 1。

(6) 当快模激波的下端点到达底边界时，会从底边界返回，在它的足点产生一个回波，并传回日冕。这个回波又会与磁绳顶部的慢模激波相互作用产生次级回波，这几种模式的扰动在低日冕区相遇，形成了复杂的湍流。因此由单一的起因来研究和解释日冕波动现象是不全面的。

第6章 与日冕 EUV 波数值研究相关的一个 EUV 波观测事例分析

6.1 摘 要

我们综合利用 SDO/AIA 和 Hinode/EIS 的卫星观测数据详细分析了一个 EUV 波事件。这个 EUV 波起源于 2011 年 8 月 4 日的活动区 11261，传播速度为 430~910 km·s^{-1}。在它的传播路径上，它被观测到穿过另一个活动区并跨过一个暗条通道。这个 EUV 波扰动了活动区 11261 和活动区 11263 之间的环并在这些环中激发了一个扰动，这个扰动最终传播到这些环的足点。EIS 的观测表明在波扫过活动区 11263 内的环时，环的红移信号增加了 3 km·s^{-1}，蓝移信号有一个弱的减小。之后，相关的红移信号减小，蓝移信号增大。当这个 EUV 波到达一个极区冕洞边界时，两个反射波相继产生并且它们的一部分在太阳边缘传播。在太阳边缘传播的第一个反射波遇到一组大尺度的环系，在该波前面 144 Mm 处产生了一个速度更快的次级波。这些观测可以用 EUV 波的快模 MHD 波理论解释。在这个理论中，EUV 波是膨胀的 CME 所激发。

6.2 研究背景介绍

大尺度的波状日冕扰动第一次被 SOHO/EIT 观测到，然后被命名为 EIT 或 EUV 波 [3, 96]。

在 EUV 波的传播路径上，它们被观测到与许多日冕磁结构相互作用，如冕洞、活动区和冕环。早期的观测揭示 EUV 波不能穿过活动区 [35]，停在或部分进入冕洞 [3, 4, 79]。这分别被 Wang[142]，Wu 等 [22] 及 Ofman 和 Thompson[75] 的数值模拟工作所证实。用 STEREO/EUVI 的观测数据，Gopalswamy 等 [72] 发现 EUV 波被冕洞反射的证据。这被高时间分辨率和高灵敏度的 SDO/AIA 的数据进一步证实 [69, 167]。结合 STEREO/EUVI 和 SDO/AIA 的观测，Olmedo 等 [78] 研究了一个 EUV 波和该波与一个冕洞的相互作用。他们发现一部分 EUV 波通过冕洞，冕洞边界的环拱系统激发了一个次级波，这个次级波看起来像是反射波。次级波产生于变形的活动区磁场，这被 Ofman 和 Thompson[75] 模拟出，之后被 Li 等 [69] 探测到。另外，EUV 波被报道与冕环相互作用 [3, 25, 73]。Wills-Davey 和 Thompson[35]

用 TRACE 的观测资料研究了一个 EUV 波事件，发现这个波传播过并扰动了弥散的、拱形的日冕环并导致这些环产生横向振荡，振荡的最大位移为 6 Mm，最大速度振幅是 15~20 km·s^{-1}。同样的现象也被 SDO/AIA 观测到 [53, 145, 166, 167]。同时，暗条振荡也可以被 EUV 波 [168, 169] 或莫尔顿波 [170] 所激发。

谱观测可以为 EUV 波提供等离子体诊断，用以澄清它的本质。但因为很难将狭缝放到波将传播过的地方，所以这方面的观测比较少 [151]。Harra 和 Sterling[128] 用 SOHO/CDS 的数据第一次对一个 EUV 波事件进行了谱分析。在他们的观测中，一个弱波前通过 CDS 的视场但并没有表现出有意义的多普勒信号 ($\lesssim 10$ km·s^{-1})。用 Hinode/EIS 的观测数据，Chen 等 [71] 研究了一个 EIT 波与一个日冕上升流区域的相互作用。他们发现当波传播过去后，上升流和非热速度消失。他们认为这个现象意味着磁场方向的改变，与 EUV 波的场线打开模型一致。最近，人们通过 Hinode 观测计划 HOP-180(将狭缝放到一个 EUV 波的传播路径上) 获得了一组独特的数据。用这些数据，Harra 等 [171] 发现了与波脉冲相关的两个红移特征，它们以大约 500 km·s^{-1} 的速度沿着 EIS 狭缝的方向传播，与 AIA 观测的波速度一致。他们认为这些红移特征可能是被日冕 MHD 波压缩的等离子体向下运动的结果。在这个事件的后续研究工作中，Veronig 等 [172] 发现红移特征的视向速度是 20 km·s^{-1}，后面跟着速度为 5 km·s^{-1} 的蓝移特征，表明波前后面的等离子体的松弛。Harra 等 [171] 和 Veronig 等 [172] 都认为观测的波是 CME 产生的日冕快模 MHD 波。

本章结合高分辨的 SDO/AIA 图像和 Hinode/EIS 谱观测来研究发生于 2011 年 8 月 4 日的一个 EUV 波事件。在这个事件中，EUV 波与活动区环的相互作用被详细地分析。6.3 节描述本章所用的数据，6.4 节展示观测结果，6.5 节给出结论和讨论。

6.3 观测和数据分析

2011 年 8 月 4 日，位于 N16°W49° 的活动区 11261 产生了一个 M9.3 级耀斑，这个耀斑开始于 03:41 UT，在 03:57 UT 达到最大。在耀斑开始后，我们观测到一个 EUV 波、一个暗条爆和一个快速晕状 CME(1315 km·s^{-1})。这个 EUV 波被 SDO/AIA 很好地观测到。SDO/AIA 能够提供高时空分辨率的、全日面的日冕和过渡区图像 (在日面边缘高达 0.5 个太阳半径)。AIA 图像在七个窄的 EUV 波段和三个连续的谱波段获取。七个 EUV 谱波段的中心在特定的谱线上：Fe xviii (94 Å)、Fe viii,xxi (131 Å)、Fe ix (171 Å)、Fe xii,xxiv (193 Å)、Fe xiv (211 Å)、He ii (304 Å)和Fe xvi (335 Å)，允许成像的等离子体温度范围从6×10^4 K到2×10^7 K。这些图像的空间分辨率为 1.5″，时间分辨率为 12 s。这个 EUV 波被七个 EUV 波段均观测到, 但我们只详细研究了它在四个波段 (171 Å、193 Å、211 Å 和 335 Å) 的观测, 因为它在这四个波段比较清楚。

在大约 04:01 UT, EUV 波的东部传播到活动区 11263(N17°W18°), 被 Hinode/ EIS 捕获到。EIS 在两个 EUV 波段观测太阳日冕和上层过渡区: 170~210 Å 和 250~290 Å。它沿狭缝的空间分辨率为 1″, 谱分辨率为 0.0233 Å pixel^{-1}。两个谱狭缝 (1″ 和 2″) 提供高分辨的谱观测, 两个成像宽缝 (40″ 和 266″) 提供单色像。在目前的工作中, 我们采用了 2″ 的狭缝, 该狭缝用 25 s 的曝光时间扫描了 240″×16″ 的区域, 每个序列平均的持续时间为 3.5 min。我们使用了 02:07~04:46 UT 时间段的 EIS 数据, 其中包括 03:45 ~04:46 UT 连续时间段的 19 个序列, 这允许我们研究 EUV 波前中后的等离子体行为。但是, 04:49 UT 和 04:40 UT 序列是部分扫描的, 不包括在研究中。每个序列包含九个谱窗口, 但我们的研究主要集中在两条谱线上 (Fe XII 195.12 Å 和 Fe XIII 202.04 Å 谱线), 它们的最大响应温度分别是 1.2 MK 和 1.6 MK。另外, Si X 258.37 Å 和 261.04 Å 谱线被选来做密度诊断, 它们与 Fe XII 谱线有相同的最大响应温度。

我们用 SSW 包 [173] 里的标准程序 eis_prep.pro 来处理 EIS 的原始数据。该程序校正了数据中的宇宙射线撞击、热点、探测器偏压和暗电流。我们用 eis_auto_fit.pro 的单高斯拟合模型得到谱线强度、谱线宽度和多普勒速度。由 Si X $\lambda258.37/\lambda261.04$ 的强度比, 我们得到了日冕电子密度 [174]。

AIA 图像首先被微分转动到一个共同的时间 05:00 UT, 然后即时减去前一张图像得到运行相减像。我们采用半自动的方法来跟踪波的传播 [37, 68, 69]。如图 6.1 所示, 对于日面上的 EUV 主波, 定义爆发中心 (N14°W38°) 为新的"北极", 选取了由爆发中心出发的三个 10° 宽的日面经向扇区 (标记为"A"~"C")。对图像上每一个扇区, 我们平均垂直方向 (纬向) 上的点, 得到以沿径向大圆 (考虑太阳的球形) 测量的球面距离为函数的一维轮廓。扇区的距离步长与 AIA 的像素大小一致, 即 0.6″。对一系列图像重复上述做法, 将得到的谱轮廓按时间排列得到二维的时间-距离图像。同样地, 对于反射波, 我们选取了从活动区 11263 出发的扇区 "D"~"F"。对于东南边缘的次级波, 选取了一个直角三角形切片 (标记为"G"), 平均最短边上的点 (从"v1"到"v2", 由图 6.1 所示)。

在时间-距离切片图上, 波前是亮或暗的轨迹。为了测量它的速度 (加速度), 首先确定它的斜率是否一致。如果是一致的, 对它进行线性 (二次) 拟合。否则, 根据它的斜率将它分成几部分, 然后对线性 (非线性) 部分进行线性 (二次) 拟合。对某一个波前, 我们给定一个时间段 (在图 6.3~ 图 6.5 中标记为蓝色点线)。在这个给定的时间段内, 沿着波前选取几十个数据点, 然后对这些点进行线性 (二次) 拟合, 重复测量十次, 取平均值为最终的速度 (加速度)。误差为多次测量的标准偏差。

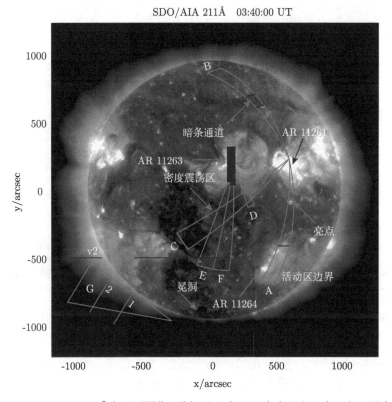

图 6.1　SDO/AIA 211 Å 全日面图像，叠加了 6 个 10° 宽扇区和一个三角区用来得到
图5.3~ 图 5.6 的时空切片图 (后附彩图)

6.4　结　　果

6.4.1　日冕 EUV 波概述

图 6.2 展示了 211 Å 波段 EUV 波的演化. 03:40:00 UT 时刻的事件前强度图清晰地表明有一系列的日冕环 (在图 6.2(a) 上标记为 "L1") 连接活动区 11261 和 11263. 在活动区 11263 的东南方向, 三个小的日冕结构被标记为 "S1" "S2" 和 "S3", 在这里反射波被观测到, 相关的反射波被标记为 "R1" "R2" 和 "R3" (图 6.2(e) 和 (f)). EIS 狭缝的位置被叠加到这张图上 (见图 6.2(a) 中的白框), 临近 L1 的位置. 狭缝上半部分被活动区 11263 核区的强背景辐射主导, 很难确定波是否穿过它. 因此, 只有狭缝下半部分的观测, 如图 6.2(b)~(f) 所示, 被用来分析. 图 6.2 的运行相减像清晰地给出 EUV 波的传播.

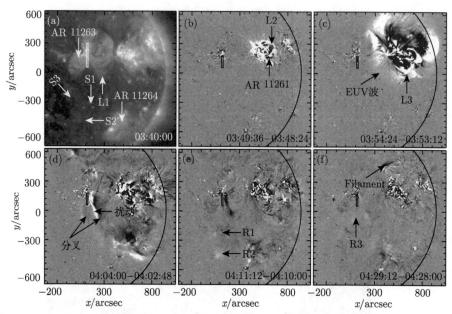

图 6.2　SDO/AIA 211 Å 原始 (a) 和运行相减像 ((b)∼(f)) 给出 EUV 波的传播 (后附彩图)
(a) 中的白框代表 Hinode/EIS 谱狭缝；(b)∼(f) 中的黑框标记出图 6.7 的视场。"L1" 代表连接活动区 11261 和活动区 11263 的环；"L2" 和 "L3" 是 EUV 波传播过程中的膨胀环；"S1""S2" 和 "S3" 代表产生反射波的三个日冕结构；"R1""R2" 和 "R3" 代表三个反射波。(b)∼(f) 中的黑色曲线标记出日面边缘，图像的视场大小是 $1380'' \times 1380''$

作为 EUV 波事件的典型特征，EUV 波后面的爆发环 (在图 6.2(b) 中被标记为 "L2") 被观测到 [68, 69]。它们作为骑跨在活动区 11261 上的半圆形亮环出现，在 03:48:00 UT 开始向西北方向膨胀。3 min 以后，一个弥散的 EUV 波出现在它前面。最初，它主要向西北方向膨胀，与 L2 的方向一致。在其他方向，EUV 波相对较弱。我们注意到活动区 11261 南面的环 (在图 6.2(c) 和图 6.3(b) 中被标记为 "L3") 被扰动了，它变得更延伸，更亮。从扇区 "A" 的时间-距离切片来看，在 EUV 波过去之后 L3 的一部分环回到原来的位置，暗示 EUV 波激发了振荡 [42, 145, 166]。在 03:54:24 UT，EUV 波发展成一个半圆形结构 (图 6.2)，并且它的东部有一个变形，预示着 EUV 波和 L1 的相互作用。随着 EUV 波的发展，变形更加明显。

为了将 EUV 波的运动学量化，采用了沿扇区 "A"∼"C" 的三个时间-距离切片。从图 6.2 和图 6.3 可以看出，EUV 波在热的 193 Å、211 Å 和 335 Å 通道是一个亮轨迹，但在 171 Å 通道是一个暗轨迹，表明等离子体有加热过程 [35, 51, 55, 68, 69]。在 211 Å 通道，EUV 波在三个方向的平均传播速度为 $(448\pm9) \sim (900\pm10)$ km·s^{-1}。我们注意到在相同的方向，EUV 波在四个通道有相似的速度，速度的差别几乎在误差范围内，除了在 171 Å 通道沿扇区 "B" 的速度。这个通道的速度比其他通道的速度低，这可能是由模糊的波前造成的。对于扇区 "A"，EUV 波在距离爆发中心

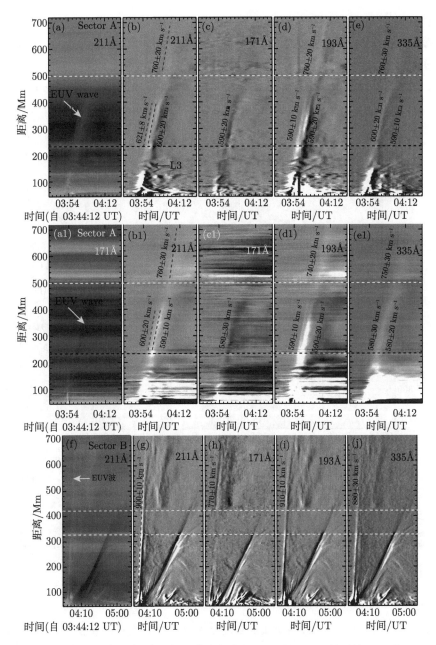

图 6.3　在 211 Å、171 Å、193 Å 和 335 Å 波段沿扇区"A"和"B"的原始 ((a) 和 (f))，固定相减((b1)~(e1)) 和运行相减 ((b)~(e) 和 (g)~(j)) 时空切片图。(a1) 给出了 171 Å 波段沿扇区"A"的时空切片图，"L3"代表 EUV 波传播过程中的膨胀环 (后附彩图)

400~500 Mm 处表现出减速 (图 6.3(b)~(e))。对这段距离内的 EUV 波进行二次拟

合得到减速度为 $(1010\pm80)\sim(1060\pm70)$ m·s^{-2}。在扇区 "C" 中，EUV 波的速度在距离爆发中心 440 Mm 处减为 $(270\pm20)\sim(301\pm6)$ km·s^{-1} (由图 6.4(a)$\sim$(e) 中的白色点划线标记出)。

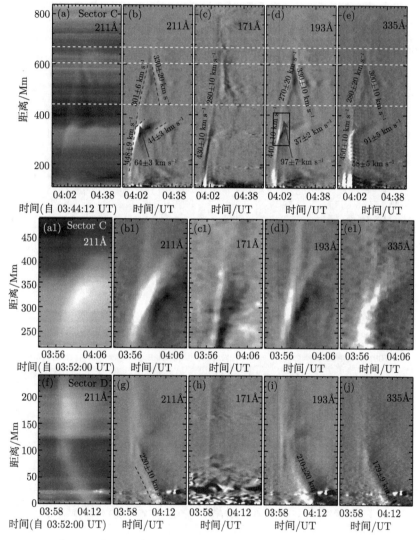

图 6.4　在 211 Å、171 Å、193 Å 和 335 Å 波段沿扇区 "C" 和 "D" 的原始 (第 1 列) 和运行相减(第 2$\sim$5 列) 时空切片图。(d) 中的黑框给出了 (a1)$\sim$(e1) 的视场 (后附彩图)

为了确认测量的 EUV 波运动学的有效性，我们比较了沿扇区 "A" 的运动相减切片图 (图 6.3(b)$\sim$(e)) 和固定相减切片图 (图 6.3(b1)$\sim$(e1)) 测量的速度和加速度。固定相减切片图的基准时间为 03:40 UT。对于固定相减切片图，EUV 波的速度和加速度测量是沿着波脉冲的中心而不是前沿。我们发现用这两种方法测得的相同特征的速度有很小差异。另外，由固定相减切片测得的距离爆发中心 400~500 Mm 处的减速度为 $(980\pm70)\sim(1060\pm90)$ m·s^{-2}，与运行相减切片测得的结果一致。

6.4.2 日冕 EUV 波与活动区环的相互作用

为了清楚地描述 EUV 波和 L1 的相互作用，我们将该相互作用分成两个阶段。第一阶段从 03:52:00 UT 到 04:00:24 UT，也就是在 EUV 波到达 L1 的环顶前。在这个阶段，EUV 波穿过 L1 的速度为 $(430\pm10)\sim(448\pm9)$ km·s^{-1}(图 6.4(a)~(e))；波前有一个变形。类似的工作也被 Wills-Davey 和 Thompson[35]，Delannée 和 Aulanier[73] 和 Delannée 报道过 [25]。

第二个阶段从 04:00:24 UT 到 04:10:00 UT。在 04:00:24 UT，EUV 波到达 L1 的环顶，在 L1 内激发了一个扰动 (图 6.2(d))。然后，在时空切片图上，EUV 波和扰动形成了一个明显的分叉 (bifurcation)(图 6.2(d)；图 6.4 上面和中间行)。这个分叉在 211 Å、193 Å 和 335 Å 通道很清晰，在 171 Å 通道没有被观测到。同时，EUV 波向前推 L1(动画 3)。L1 表现出平行于磁场的运动，不同于 Wills-Davey 和 Thompson[35] 的观测。在 Wills-Davey 和 Thompson[35] 的观测中，扰动日冕磁环表现出垂直于磁场结构的运动。由扇区 "C" 的时空切片图可以看出，L1 的速度是 $(64\pm3)\sim(97\pm7)$ km·s^{-1}。这个运动持续了 10 min，导致磁环的最大位移是 37~62 Mm。大约 14 min 后，另一个亮信号出现在 L1 的环顶 (图 6.2(f) 和图 6.4(a)、(b)、(d) 和 (e)；动画 3)。它的速度较低，为 $(37\pm2)\sim(58\pm5)$ km·s^{-1}，但持续了一个更长的时间 (大约15 min)，给出最大的位移为 32~57 Mm。

同时，扰动逐渐传播到 L1 的足点 (动画 3 和 4)。从扇区 "D" 的时空切片图可以看出，它运动的速度为 $(179\pm9)\sim(220\pm10)$ km·s^{-1}。在 04:10:00 UT，它到达了 L1 的足点。

6.4.3 日冕 EUV 波通过活动区 11264 和一个暗条通道

在 03:55:36 UT，EUV 波遇到了一个亮点 (见图 6.1，在图 6.3 上用黑色虚线标出)。一部分波穿过这个亮点，剩下的波前变形。由扇区 "A" 的时空切片图可以看出，EUV 波分成两支，时间差为 2 min。我们注意到这两支波在四个 AIA 通道有相似的速度，前面那支的速度是 $(590\pm10)\sim(621\pm8)$ km·s^{-1}，后面那支的速度是 $(590\pm20)\sim(600\pm20)$ km·s^{-1}。在 04:03 UT，EUV 波通过活动区 11264(见图 6.1 和图 6.3 的白色点虚线) 而不是停在活动区的边界。从扇区 "A" 的时空切片图可以看出，活动区内 EUV 波的速度是 $(760\pm20)\sim(760\pm30)$ km·s^{-1}，比原来的速度大，与 Li 等 [69] 的结果一致。这个现象在 211 Å 和 193 Å 波段清晰可见，在 335 Å 波段较弱，在 171 Å 波段观测不到。

在 04:54:00 UT，EUV 波到达暗条通道的边界，该暗条通道坐落在扇区 "B" 距离爆发中心 330~420 Mm 的地方 (见图 6.1 和图 6.3 白色虚线)。值得注意的是，EUV 波直接穿过暗条通道而没有速度变化。

6.4.4　日冕结构的反射波

在 04:08:48 UT，EUV 波的东南部分遇到一些宁静区的日冕结构，S1 和 S2 (图 6.2(a))，产生了向北传播的反射波 R1 和 R2(图 6.2(e)、图 6.5(a) 和 (e) 和动画 2)。另一个反射波 R3 在 04:16:00 UT 产生于 S3。由扇区 "C" 的时空切片图 (图 6.4(a)~(e)) 可以看出，R3 在 211 Å、193 Å 和 335 Å 波段是亮特征，而在 171 Å 波段是暗特征。它的初始速度是 (300 ± 10)~(330 ± 10) km·s^{-1}，比入射波的速度 $((270\pm20)$~(301 ± 6) km·s$^{-1})$ 略大。我们注意到 R3 最终传播进入活动区 11263，因此选取了扇区 "E" 和 "F" 来跟踪它后阶段的传播。图 6.5 给出所产生的时空切片图，该切片图给出 R3 的最终速度范围是 (99 ± 9)~(137 ± 4) km·s^{-1}。

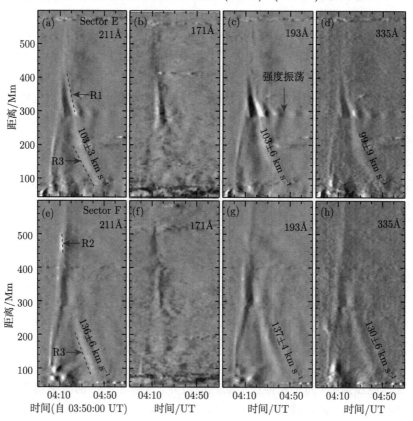

图 6.5　在 211 Å、171 Å、193 Å 和 335 Å 波段沿扇区 "E" 和 "F" 的运行相减时空切片图 (后附彩图)

一些强度振荡，在图 6.1 中标记为短蓝线，发生在活动区 11263 南面的宁静区 S3。它们同时被扇区"C"在 500 Mm 处和扇区"E"在 300 Mm 处捕获到，见图 6.4 和图 6.5 的上图。周期约为 12 min 的振荡与反射波 R3 开始于同一时间。此外，由图 6.5(下图) 可以看出，在最初的 R3 脉冲之后出现了一系列波脉冲，每个延迟 12 min。这表明多个 R3 波脉冲产生于 S3 局地环振荡。

6.4.5　一个极区冕洞的反射波激发的次级波

在 04:22:00 UT，EUV 波到达南面的极区冕洞的边界，然后一个反射波被观测到向东北方向传播 (动画 2 和 5)。大约 1 min 后，部分反射波出现在太阳边缘 (在图 6.6(b)~(e) 中标记为"RW1")。从扇区"G"的时空切片图可以看出，它的速度是

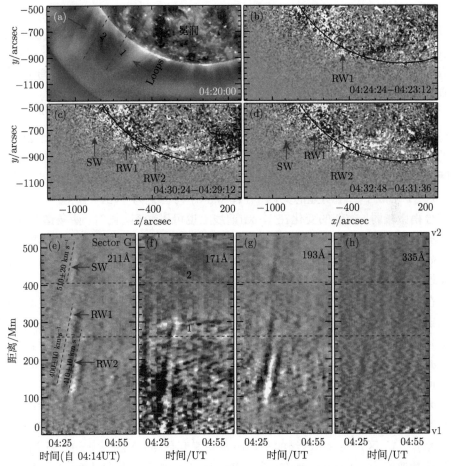

图 6.6　SDO/AIA 211 Å原始 (a) 和运行相减像 (b)~(d)给出南极冕洞的两个反射波和新产生的次级波；(e)~(h) 给出在 211 Å、171 Å、193 Å和 335 Å波段沿扇区"G"的运行相减时空切片图

(400±10) km·s⁻¹，低于入射波的速度 ((621±8) km·s⁻¹，见图 6.3(b))。在 04:30:00
UT，反射波遇到一组大尺度环系 (在图 6.6 中标记为"Loop")，一个次级波以一个
更快的速度 ((510±20) km·s⁻¹) 快速出现在它前面 144 Mm 处，与 Li 等 [69] 报道
的结果一致。但是，在次级波产生后，反射波继续向前传播而不是消失。这与次级
波产生于变形的活动区磁场的数值模拟结果一致 [75]。在 04:30:24 UT，另一个反射
波 (在图 6.6(c)~(e) 上标记为"RW2") 出现在太阳边缘，速度为 (410±10) km·s⁻¹。
但是，由于与大尺度环系相互作用，反射波传播到一定距离就消失了。

6.5　日冕 EUV 波的谱分析

图 6.7 给出了 Fe ⅩⅢ和 Fe ⅩⅡ谱线的多普勒速度和线宽图的时间序列。在 04:00
UT，当 EUV 波扫过 EIS 狭缝时，一些红移信号出现或者被加强，这在较热的 Fe
ⅩⅢ谱线上更明显。同时，两条谱线的宽度均增加了。在 EUV 波扫过后，多普勒速
度有一些额外的变化。当 EUV 波扫过 EIS 狭缝时，我们期望谱线强度增强，但这
没有被探测到 (图 6.8)。

为了详细研究多普勒速度和线宽的变化，我们分别选取了区域"A"和"B"
(图 6.7)，因为"A"和"B"原来分别是典型的蓝移区和红移区，当波扫过时有明
显的变化。计算了两个区域内两条谱线的平均多普勒速度和线宽，图 6.8 给出了它
们随时间的变化曲线。在 EUV 波扫过时，Fe ⅩⅢ谱线在"B"区的红移信号增加了
3 km·s⁻¹，形成了一个明显的尖峰 (在图 6.8(a) 内标记为"vp1")，在"A"区的蓝
移信号稍微减弱。类似的变化在 Fe ⅩⅡ谱线上也可以看到。同时，两条谱线在"A"
和"B"区内的线宽明显的增加 (在图 6.8(b) 和 (d) 内标记成"wp1")。对于"B"
区，Fe ⅩⅢ谱线的线宽增加了 10 mÅ，Fe ⅩⅡ谱线的线宽增加了 7 mÅ。"A"区内的
线宽增加稍小，分别是 6 mÅ 和 5 mÅ。

在 EUV 波扫过后，两条谱线的多普勒速度的初始峰后面还有两个尖峰。它们
分别出现在 04:10 UT(在图 6.8(a) 和 (c) 中标记为"vp2") 和 04:32 UT(在图 6.8(a)
和 (c) 中标记为"vp3")。第一个尖峰看起来似乎是 EUV 波引起的，第二个尖峰与
线宽的第二个峰值相关 (在图 6.8(b) 和 (d) 中标记为"wp2")，它出现在 04:21 UT，
该峰可能不是 EUV 波的结果。

为了确认上述结果的有效性，研究了 02:07 UT 和 03:08 UT 之间的多普勒速
度和线宽的变化。值得注意的是，多普勒速度的变化在这段时间内没有明显的趋
势。对于"A"区，Fe ⅩⅢ谱线的平均多普勒速度是 −1.3 km·s⁻¹，Fe ⅩⅡ谱线的平
均多普勒速度为 −3.0 km·s⁻¹(在图 6.8(a) 和 (c) 中标记为水平虚线)；对于"B"
区，Fe ⅩⅢ谱线的平均多普勒速度是 5.9 km·s⁻¹，Fe ⅩⅡ谱线的平均多普勒速度为
1.6 km·s⁻¹。在这段时间内线宽的变化看起来有周期性，Fe ⅩⅢ谱线的线宽变化在

4 mÅ 以内, Fe XII 谱线的线宽变化在 2 mÅ 以内。

图 6.8 给出由 EIS Si x 谱线密度对得出的等离子体密度随时间的演化。我们注意到当 EUV 波通过时, 等离子体密度的变化不明显。"A"区的等离子体密度减少了 2.9×10^8 cm^{-3}, "B"区的等离子体密度减少了 1.1×10^8 cm^{-3}, 这都在 02:07 UT

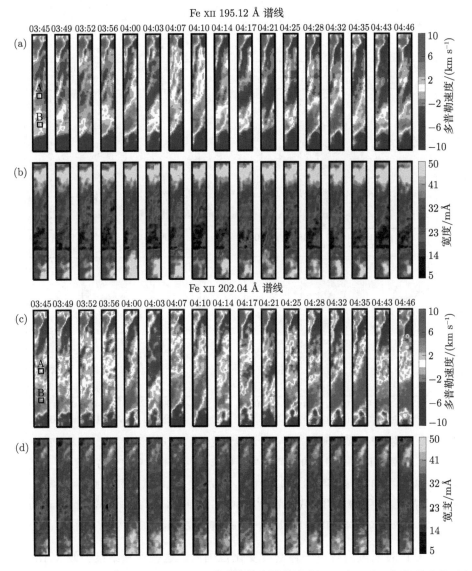

图 6.7 Fe XII 195.12 Å 和 Fe XIII 202.04 Å 谱线的多普勒速度 ((a) 和 (c)), 宽度 ((b) 和 (d)) 时间序列图

"A"和"B"是计算图 6.8 的平均多普勒速度和线宽的区域, 视场大小是 $16'' \times 120''$

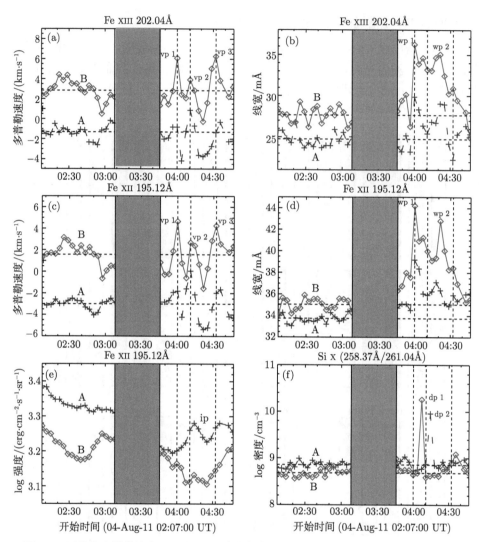

图 6.8　平均的多普勒速度 (a) 和 (c)，谱线宽度 (b) 和 (d)，谱线强度 (e) 和等离子体密度(f)(在图 6.7 的 "A" 和 "B" 区域内计算) 随时间的变化曲线

"vp1""vp2" 和 "vp3" 代表多普勒速度的三个峰值，"wp1" 和 "wp2" 代表谱线宽度的两个峰值，"dp1" 和 "dp2" 代表密度的两个峰值，"ip" 代表谱线宽度的峰值；灰色区域表示在该时间段无数据，水平点划线代表 02:07~03:08UT 时间段内的平均多普勒速度、谱线宽度和等离子体密度

和 03:08 UT 时间段内等离子体密度变化范围内。这些观测结果类似 Veronig 等[172] 给出的结果，与 EUV 波相关的密度变化不大。我们注意到在 EUV 波传播过去后，等离子体密度在 "B" 区达到一个峰值为 1.8×10^{10} cm^{-3}，在 "A" 区达到一个峰值为 9.1×10^{9} cm^{-3}，分别标记为 "dp2" 和 "dp1"。"A" 区等离子体密度的

峰值看起来与 Fe xɪɪ 谱线强度的峰值 (标记为 "ip") 相关, 但与 vp1 相比有一个 14 min 的延迟。等离子体密度和强度的峰值可能是 EUV 波引起的活动区环内的扰动结果。多普勒速度和强度的相位差为慢模波的存在提供了一个证据 [33], 预示着活动区内的扰动可能是慢模波。另外, 注意到 dp1 和 dp2 有一个 7 min 的时间差, 这可能是因为不同环的振荡有不同的相位差。

讨论及结论

我们用 SDO/AIA 和 Hinode/EIS 的观测数据详细分析了一个 M9.3 级耀斑和一个快速晕状 CME 的 EUV 波, 主要集中在它与局地冕环的相互作用。主要的观测结果如下:

(1) 这个 EUV 波在不同方向的速度为 $(430\pm10)\sim(910\pm10)$ km·s^{-1}。在东北方向, 它表现出一个明显的减速, 减速度为 $(1010\pm80)\sim(1060\pm70)$ m·s^{-2}。类似的减速现象被许多作者报道过, 包括 Warmuth 等 [92], Long 等 [51] 和 Muhr 等 [175], 还包括 Ma 等 [55] 和 Cheng 等 [60]。根据 Warmuth 和 Mann[176] 的统计研究, 初速度超过 320 km·s^{-1} 的 EUV 波表现出明显的减速。他们指出减速波的运动学行为与非线性大尺度波或激波一致, 大尺度波或激波的传播速度比周围的快模波速大, 由于减小的振幅而慢下来。

(2) 波前以 $(430\pm10)\sim(448\pm9)$ km·s^{-1} 沿活动区内环运动。当它运动到这些环的环顶, 它激发了一个扰动, 这个扰动以 $(179\pm9)\sim(220\pm10)$ km·s^{-1} 的速度传播到这些环的足点。同时, EUV 波推着活动区环向前运动, 运动的速度为 $(64\pm3)\sim(97\pm7)$ km·s^{-1}, 最大的位移为 37~62 Mm。大约 14 min 后, 另一个亮信号出现在这些环的环顶。它有一个较低的速度, 为 $(37\pm2)\sim(58\pm5)$ km·s^{-1}, 但是持续了更长的时间, 给出最大位移为 32~57 Mm。这种亮信号可能是活动区环振荡的结果。以前, 活动区内的传播扰动被许多研究者报道过 [33,177-179]。他们观测的传播扰动与我们观测的扰动类似, 他们观测的传播扰动是周期性的。传播扰动的本质还是一个未解决的问题, 一些研究者表明这些扰动是物质流 [178, 179], 另外一些研究者认为它们是慢模波 [33, 177]。最近, Ofman 等 [180] 发现根据三维 MHD 模型, 慢模波和物质流同时存在于活动区底部同一个脉冲事件中。

(3) 这个 EUV 波穿过活动区 11264 和一个暗条通道。这个观测结果支持 EUV 波的快模波模型, 但与非波模型的预测相矛盾 [28]。在非波模型中, EUV 波应该停在活动区或暗条通道与宁静区日冕的磁分界面上。另外, 活动区内 EUV 波速度增加了大约 200 km·s^{-1}, 与该处所期望的快模波速一致。但是, 在我们的例子中没有探测到暗条通道内的速度变化, 与磁流绳腔内 EUV 波的速度增加相悖 [166]。可以猜测在我们的例子中, 相关的磁流绳腔跟周围的日冕有相似的快模波速或位于日冕 EUV 波的下面。

(4) 当波到达一个极区冕洞的边界，两个反射波相继产生，它们的一部分运动到太阳边缘。太阳边缘的第一个反射波遇到一个大尺度环系，在它前面 144 Mm 处产生了一个更高速度的次级波。这是第一次观测到反射波的次级波，这与由 Ofman 和 Thompson 模拟出的变形的活动区磁场产生的次级波一致。最近，Li 等 [69] 研究了 2011 年 6 月 7 日的一个全球 EUV 波，他们发现当 EUV 波到达一个活动区，主波明显消失，一个次级波以一个类似的速度出现在活动区边界 75 Mm 处。与他们的观测类似，我们也在距离主波一定距离处观测到一个次级波。但是，我们观测的主波继续向前传播而不是消失。这可能暗示观测的次级波是反射波与大尺度环系相互作用后新产生的波。另外，我们观测到两个反射波，这可能是 EUV 波导致的冕洞边界振荡所激发的波，两个反射波的 8 min 延迟暗示振荡周期。

(5) 活动区 11263 内的活动区环的 EIS 观测表明当波扫过时，环的红移信号增加了 3 km·s⁻¹，蓝移信号稍微减弱。之后，相关的红移信号减小，蓝移信号增大。我们的结果与最近用 Hinode/EIS 和 SDO/AIA 观测的结果类似 [171, 172]，这可以用 Uchida[95] 描述的快模波模型解释。当 EUV 波遇到活动区环，它对这些活动区环提供了一个向下的脉冲 [166]。当波过去后，这些扰动的活动区环恢复到原来的状态。另外，当 EUV 波扫过 EIS 狭缝时，在两条 EIS 辐射线上没有探测到任何明显的强度增强，这与 Chen 等 [71] 的结果一致，他们得出的结论称在 EUV 波传播过程中线强度的变化在拟合误差内，所以很难在谱观测中辨别出这些变化。宁静区日冕磁场强度可以通过冕震的方法来计算，需要测量波速、日冕密度和温度 [181, 182]。在我们的事件中，尽管 EIS 的狭缝位于活动区 11263，但狭缝下半部分区域相对比较宁静。因此，局地波速和日冕密度可以被用来估算磁场强度。为了确定局地波速，我们选取了一个 10° 宽的扇区，它始于爆发中心并与 EIS 狭缝下半部分相交，得到了一个 193 Å 波段的时间-距离切片。193 Å 波段与 Si x 线有相同的最大响应温度，约为 1.2 MK。我们测量的波速为 (410±20) km·s⁻¹。注意到当 EUV 波扫过 EIS 狭缝时，"A" 区的等离子体密度为 5.5×10⁸ cm⁻³，"B" 区的等离子密度为 4.4×10⁸ cm⁻³。局地磁场强度可以用 Long 等 [182] 推导出来的公式 $B = [4\pi n(mv_{fm}^2 - \gamma k_B T)]^{1/2}$ 来计算。其中，B 是磁场强度，v_{fm} 是波速，n 是等离子体密度，m 是质子质量，$\gamma=5/3$ 是绝热系数，k_B 是玻尔兹曼常数，T 是密度响应对的峰值辐射温度。计算得到的 "A" 区的局地磁场强度为 1.6±0.2 G，"B" 区为 (1.3±0.1) G。

总之，我们发现了一系列入射或反射波与日冕环相互作用的现象，如 EUV 波激发的活动区环内的扰动和极区冕洞的反射波激发的次级波。这些观测结果可以用 EUV 波的快模 MHD 波阐述来解释。在这个模型中，观测的波是由膨胀的 CME 所激发。

参 考 文 献

[1] Domingo V, Fleck B, Poland A I. The SOHO mission: An overview. Sol. Phys., 1995, 162(1-2): 1 ~ 37

[2] Delaboudinière J P, Artzner G E, Brunaud J, et al. EIT: Extreme-ultraviolet imaging telescope for the SOHO mission. Sol. Phys., 1995, 162(1-2): 291 ~ 312

[3] Thompson B J, Plunkett S P, Gurman J B, et al. SOHO/EIT observations of an Earth-directed coronal mass ejection on May 12, 1997. Geophys. Res. Lett., 1998, 25(14): 2465 ~ 2468

[4] Thompson B J, Gurman J B, Neupert W M, et al. SOHO/EIT observations of the 1997 april 7 coronal transient: Possible evidence of coronal moreton waves. ApJ, 1999, 517(2): L151 ~ L154

[5] Wuelser J P, Lemen J R, Tarbell T D, et al. EUVI: The STEREO-SECCHI extreme ultraviolet imager. Proc. SPIE, 2004, 5171: 111 ~ 122

[6] Norman M L, Winkler K H//Astrophysical radiation hydrodynamics. Winkler K H, Norman M L. Dordrecht: Reidel, 1986: 187

[7] 傅竹风. 胡友秋空间等离子体数值模拟. 合肥: 安徽科学技术出版社, 1995

[8] von Neumann J. Theoretical mechanisms for solar eruptions. J. Appl. Phys., 1950, 21: 232

[9] Anderson J D. 计算流体力学基础及其应用. 吴颂平, 刘赵淼, 译. 北京: 机械工业出版社, 2007

[10] van Leer B. Towards the ultimate conservative difference scheme: IV. A new approach to numerical convection. J. Comput. Phys., 1977, 23: 276

[11] Evans C, Hawley J F. Simulation of magnetohydrodynamic flows-A constrained transport method. ApJ, 1988, 332: 659E

[12] Hawley J F, Stone J M. MOCCT: A numerical technique for astrophysical MHD. Comput. Phys. Commun., 1994, 89: 127

[13] Stone J M, Norman M L. ZEUS-2D: A radiation magnetohydrodynamics code for astrophysical flows in two space dimensions. I. The hydrodynamic algorithms and tests. ApJS, 1992, 80: 753

[14] Stone J M, Norman M L. ZEUS-2D: A radiation magnetohydrodynamics code for astrophysical flows in two space dimensions. II. The magnetohydrodynamic algorithms and tests. ApJS, 1992, 80: 791

[15] Stone J M, Mihalas D, Norman M L. ZEUS-2D: A radiation magnetohydrodynamics code for astrophysical flows in two space dimensions. III. The radiation hydrodynamic algorithms and tests. ApJS, 1992, 80: 819

[16] Hawley J F, Smarr L L, Wilson J R. A numerical study of nonspherical black hole

accretion: I. Equations and test problems. ApJ, 1984, 227: 296

[17] Hawley J F, Smarr L L, Wilson J R. A numerical study of nonspherical black hole accretion: II. Finite differencing and code calibration. ApJ, 1984, 55: 211

[18] Pesnell W D, Thompson B J, Chamberlin P C. The solar dynamics observatory (SDO). Sol. Phys., 2012, 275(1-2): 3 ∼ 15

[19] Moreton G E. Hα Observations of flare-initiated disturbances with velocities 1000 km/s. AJ, 1960, 65: 494 ∼ 495

[20] Uchida Y, Altschuler M D, Newkirk G Jr. Flare-produced coronal MHD-fast-mode wavefronts and moreton's wave phenomenon. Sol. Phys., 1973, 28(2): 495 ∼ 516

[21] Wang Y M. EIT waves and fast-mode propagation in the solar corona. ApJ, 2000, 543(1): L89 ∼ L93

[22] Wu S T, Zheng H, Wang S, et al. Three-dimensional numerical simulation of MHD waves observed by the Extreme Ultraviolet Imaging Telescope. J. Geophys. Res., 2001, 106(A11): 25089 ∼ 25102

[23] Klassen A, Aurass H, Mann G, et al. Catalogue of the 1997 SOHO-EIT coronal transient waves and associated type II radio burst spectra. A&AS, 2000, 141: 357 ∼ 369

[24] Wills-Davey M J, DeForest C E, Stenflo J O. Are "EIT waves" fast-mode MHD waves? ApJ, 2007, 664(1): 556 ∼ 562

[25] Delannée C. Another view of the EIT wave phenomenon. ApJ, 2000, 545(1): 512 ∼ 523

[26] Delannée C, Aulanier G. CME associated with transequatorial loops and a bald patch flare. Sol. Phys., 1999, 190(1): 107 ∼ 129

[27] Thompson B J, Reynolds B, Aurass H, et al. Observations of the 24 September 1997 coronal flare waves. Sol. Phys., 2000, 193(1-2): 161 ∼ 180

[28] Chen P F, Wu S T, Shibata K, et al. Evidence of EIT and moreton waves in numerical simulations. ApJ, 2002, 572(1): L99 ∼ L102

[29] Chen P F, Fang C, Shibata K. A full view of EIT waves. ApJ, 2005b, 622(2): 1202 ∼ 1210

[30] Attrill G D R, Harra L K, van Driel-Gesztelyi L, et al. Coronal "wave": magnetic footprint of a coronal massejection? ApJ, 2007, 656(2): L101 ∼ L104

[31] Attrill G D R, Harra L K, van Driel-Gesztelyi L, et al. Coronal "wave": A signature of the mechanism making CMEs large-scale in the low corona? Astronomische Nachrichten, 2007, 328(8): 760 ∼ 763

[32] Delannée C, Török T, Aulanier G, et al. A new model for propagating parts of EIT waves: a current shell in a CME. Sol. Phys., 2008, 247(1): 123 ∼ 150

[33] Wang H, Shen C, Lin J. Numerical experiments of wave-like phenomena caused by the disruption of an unstable magnetic configuration. ApJ, 2009, 700(2): 1716 ∼

1731

[34] Wills-Davey M J. Tracking large-scale propagating coronal wave fronts (EIT waves) using automated methods. ApJ, 2006, 645(1): 757 ~ 765

[35] Wills-Davey M J, Thompson B J. Observations of a propagating disturbance in TRACE. Sol. Phys., 1999, 190(1): 467 ~ 483

[36] Veronig A M, Muhr N, Kienreich I W, et al. First observations of a dome-shaped large-scale coronal extreme-ultraviolet wave. ApJ, 2010, 716(1): L57 ~ L62

[37] Podladchikova O, Berghmans D. Automated detection of EIT waves and dimmings. Sol. Phys., 2005, 228(1-2): 265 ~ 284

[38] Thompson B J, Myers D C. A catalog of coronal "EIT Wave" transients. ApJS, 2009, 183(2): 225 ~ 243

[39] Wills-Davey M J, Attrill G D R. EIT waves: A changing understanding over a solar cycle. Space Sci. Rev., 2009, 149(1-4): 325 ~ 353

[40] Kienreich I W, Temmer M, Veronig A M. STEREO quadrature observations of the three-dimensional structure and driver of a global coronal wave. ApJ, 2009, 703(2): L118 ~ L122

[41] Ma S, Wills-Davey M J, Lin J, et al. A new view of coronal waves from STEREO. ApJ, 2009, 707(1): 503 ~ 509

[42] Patsourakos S, Vourlidas A. "Extreme ultraviolet wave" are waves: First quadrature observations of an extreme ultraviolet wave from STEREO. ApJ, 2009, 700(2): L182 ~ L186

[43] Warmuth A, Vršnak B, Aurass H, et al. Evolution of two EIT/Hα moreton waves. ApJ, 2001, 560(1): L105 ~ L109

[44] Vršnak B, Warmuth A, Brajša R, et al. Flare waves observed in Helium I 10830 Å link between Hα Moreton and EIT waves. A&A, 2002, 394: 299 ~ 310

[45] Veronig A M, Temmer M, Vršnak B. High-cadence observations of a global coronal wave by STEREO EUVI. ApJ, 2008, 681(2): L113 ~ L116

[46] Long D M, Gallagher P T, McAteer R T J, et al. The kinematics of a globally propagating disturbance in the solar corona. ApJ, 2008, 680(1): L81 ~ L84

[47] Warmuth A, Vršnak B, Magdalenić J, et al. A multiwavelength study of solar flare waves. I. Observations and basic properties. A&A, 2004, 418: 1101 ~ 1115

[48] Zhukov A N, Rodriguez L, de Patoul J. STEREO/SECCHI observations on 8 December 2007: Evidence against the wave hypothesis of the EIT wave origin. Sol. Phys., 2009, 259(1-2): 73 ~ 85

[49] Romano P, Contarino L, Zuccarello F. Eruption of a helically twisted prominence. Sol. Phys., 2003, 214(2): 313 ~ 323

[50] Delannée C, Hochedez J F, Aulanier G. Stationary parts of an EIT and Moreton wave: a topological model. A&A, 2007, 465(2): 603 ~ 612

[51] Long D M, Gallagher P T, McAteer R T J, et al. Deceleration and dispersion of large-scale coronal bright fronts. A&A, 2011, 531: 42

[52] Patsourakos S, Vourlidas A, Wang Y M, et al. What is the nature of EUV waves? First STEREO 3D observations and comparison with theoretical models. Sol. Phys., 2009, 259(1-2): 49 ~ 71

[53] Schrijver C J, Aulanier G, Title A M, et al. The 2011 February 15 X2 flare, ribbons, coronal front, and mass ejection: interpreting the three-dimensional views from the solar dynamics observatory and STEREO guided by magnetohydrodynamic flux-rope modeling. ApJ, 2011, 738(2): 167

[54] Kozarev K A, Korreck K E, Lobzin V V, et al. Off-limb solar coronal wavefronts from SDO/AIA extreme-ultraviolet observations — implications for particle production. ApJ, 2011, 733(2): L25

[55] Ma S L, Raymond J C, Golub L, et al. Observations and interpretation of a low coronal shock wave observed in the EUV by the SDO/AIA. ApJ, 2011, 738(2): 160

[56] Pesnell W D, Thompson B J, Chamberlin P C. The solar dynamics observatory (SDO). Sol. Phys., 2012, 275(1-2): 3 ~ 15

[57] Temmer M, Veronig A M, Gopalswamy N, et al. Relation between the 3D-Geometry of the coronal wave and associated CME during the 26 April 2008 event. Sol. Phys., 2011, 273(2): 421 ~ 432

[58] Thernisien A, Vourlidas A, Howard R A. Forward modeling of coronal mass ejections using STEREO/SECCHI data. Sol. Phys., 2009, 256(1-2): 111 ~ 130

[59] Kienreich I W, Temmer M, Veronig A M. STEREO quadrature observations of the three-dimensional structure and driver of a global coronal wave. ApJ, 2009, 703(2): L118 ~ L122

[60] Cheng X, Zhang J, Olmedo O, et al. Investigation of the formation and separation of an extreme-ultraviolet wave from the expansion of a coronal mass ejection. ApJ, 2012, 745(1): L5

[61] Vršnak B, Warmuth A, Temmer M, et al. Multi-wavelength study of coronal waves associated with the CME-flare event of 3 November 2003. A&A, 2006, 448(2): 739 ~ 752

[62] Warmuth A. Large-scale waves in the solar corona: The continuing debate. Advances in Space Research, 2010, 45(4): 527 ~ 536

[63] Attrill G D R, Engell A J, Wills-Davey M J, et al. Hinode/XRT and STEREO observations of a diffuse coronal "wave"–coronal mass ejection-dimming event. ApJ, 2009, 704: 1296 ~ 1308

[64] Dai Y, Auchère F, Vial J C, et al. Large-scale extreme-ultraviolet disturbances associated with a limb coronal mass ejection. 2010, 708(2): 913 ~ 919

[65] Zhao X H, Wu S T, Wang A H, et al. Uncovering the wave nature of the EIT wave for

the 2010 January 17 event through its correlation to the background magnetosonic speed. ApJ, 2011, 742(2): 131

[66] Grechnev V V, Afanasyev A N, Uralov A M, et al. Coronal shock waves, EUV waves, and their relation to CMEs. III. shock-associated CME/EUV wave in an event with a two-component EUV transient. Sol. Phys., 2011, 273(2): 461 ~ 477

[67] Aschwanden M J, Nitta N V, Wuelser J P, et al. First measurements of the mass of coronal mass ejections from the EUV dimming observed with STEREO EUVI A+B spacecraft. ApJ, 2009, 706(1): 376 ~ 392

[68] Liu W, Nitta N V, Schrijver C J, et al. First SDO AIA observations of a global coronal EUV "wave": multiple components and "ripple". ApJ, 2010, 723(1): L53 ~ L59

[69] Li T, Zhang J, Yang S H, et al. SDO/AIA observations of secondary waves generated by interaction of the 2011 June 7 global EUV wave with solar coronal structures. ApJ, 2012, 746(1): 13

[70] Harra L K, Sterling A C. Imaging and spectroscopic investigations of a solar coronal wave: Properties of the wave front and associated erupting material. ApJ, 2003, 587(1): 429 ~ 438

[71] Chen P F, Wu Y. First evidence of coexisting EIT wave and coronal moreton wave from SDO/AIA observations. ApJ, 2011, 732(2): L20

[72] Gopalswamy N, Yashiro S, Temmer M, et al. EUV wave reflection from a coronal hole. ApJ, 2009, 691(2): L123 ~ L127

[73] Delannée C, Aulanier G. CME associated with transequatorial loops and a bald patch flare. Sol. Phys., 1999, 190(1): 107 ~ 129

[74] Tripathi D, Raouafi N-E. On the relationship between coronal waves associated with a CME on 5 March 2000. A&A, 2007, 473(3): 951 ~ 957

[75] Ofman L, Thompson B J. Interaction of EIT waves with coronal active regions. ApJ, 2002, 574(1): 440 ~ 452

[76] Schmidt J M, Ofman L. Global simulation of an extreme ultraviolet imaging telescope wave. ApJ, 2010, 713(2): 1008 ~ 1015

[77] Ballai I, Erdélyi R, Pintér B. On the nature of coronal EIT waves. ApJ, 2005, 633(2): L145 ~ L148

[78] Olmedo O, Vourlidas A, Zhang J, et al. Secondary waves and/or the "reflection" from and "transmission" through a coronal hole of an extreme ultraviolet wave associated with the 2011 February 15 X2.2 flare observed with SDO/AIA and STEREO/EUVI. ApJ, 2012, 756(2): 143

[79] Veronig A M, Temmer M, Vršnak B, et al. Interaction of a moreton/EIT wave and a coronal hole. ApJ, 2006, 647(2): 1466 ~ 1471

[80] Attrill G D R. Dispelling illusions of reflection: A new analysis of the 2007 May 19

coronal "wave" event. ApJ, 2010, 718(1): 494 ～ 501

[81] Patsourakos S, Vourlidas A, Kliem B. Toward understanding the early stages of an impulsively accelerated coronal mass ejection. SECCHI observations. A&A, 2010, 522: A100

[82] Cliver E W, Laurenza M, Storini M, et al. On the origins of solar EIT waves. ApJ, 2005, 631(1): 604 ～ 611

[83] Biesecker D A, Myers D C, Thompson B J, et al. Solar phenomena associated with "EIT waves". ApJ, 2002, 569(2): 1009 ～ 1015

[84] Chen P F. The relation between EIT waves and solar flares. ApJ, 2006, 641(2): L153 ～ L156

[85] Chen P F. The relation between EIT waves and coronal mass ejections. ApJ, 2009, 698(2): L112 ～ L115

[86] Roberts J A. Solar radio bursts of spectral type II. Aust. J. Phys, 1959, 12: 327

[87] Mancuso S, Raymond J C, Kohl K, et al. UVCS/SOHO observations of a CME-driven shock :consequences on ion heating mechanisms behind a coronal shock. A & A, 2002, 383: 267

[88] Kai K. Expanding arch structure of a solar radio outburst. Sol. Phys., 1970, 11(2): 310 ～ 318

[89] Pinter S, Dryer M. Generation of coronal and interplanetary shock waves during the solar flares of 2-13 august 1972. Akademiia Nauk SSSR Izvestiia Seriia Fizicheskaia, 1977, 41: 1849 ～ 1860

[90] Cliver E W, Webb D F, Howard R A. On the origin of solar metric type II bursts. Sol. Phys., 1999, 187(1): 89 ～ 114

[91] Mann G, Klassen A, Estel C, et al. Coronal transient waves and coronal shock waves. 8th SOHO Workshop: Plasma Dynamics and Diagnostics in the Solar Transition Region and Corona, 1999, 446: 477

[92] Warmuth A, Vršnak B, Magdalenić J, et al. A multiwavelength study of solar flare waves. II. Perturbation characteristics and physical interpretation. A&A, 2004, 418: 1117 ～ 1129

[93] White S M, Thompson B J. High-cadence radio observations of an EIT wave. ApJ, 2005, 620(1): L63 ～ L66

[94] Vršnak B, Magdalenić J, Temmer M, et al. Broadband metric-range radio emission associated with a Moreton/EIT wave. ApJ, 2005, 625(1): L67 ～ L70

[95] Uchida Y. Propagation of hydromagnetic disturbances in the solar corona and moreton's wave phenomenon. Sol. Phys., 1968, 4(1): 30 ～ 44

[96] Morses D, Clette F, Delaboudinière J P, et al. EIT observations of the extreme ultraviolet sun. Sol. Phys., 1997, 175(2): 571 ～ 599

[97] Thompson B J, Reynolds B, Aurass H, et al. Observations of the 24 September 1997

Coronal Flare Waves. Sol. Phys., 2000, 193(1-2): 161 ~ 180

[98] Athay R G, Moreton G E. Impulsive phenomena of the solar atmosphere. I. Some optical events associated with flares showing explosive phase. ApJ, 1961, 133: 935

[99] Muhr N, Vršnak B, Temmer M, et al. Analysis of a global Moreton wave observed on 2003 October 28. ApJ, 2010, 708(2): 1639 ~ 1649

[100] Warmuth A. Large-scale waves and shocks in the solar corona. Lecture Notes in Physics, Berlin: Springer Verlag, 2007

[101] Eto S, Isobe H, Narukage N, et al. Relation between a Moreton wave and an EIT wave observed on 1997 November 4. PASJ, 2002, 54(3): 481 ~ 491

[102] Ofman L. Three-dimensional MHD model of wave activity in a coronal active region. ApJ, 2007, 655(2): 1134 ~ 1141

[103] Grechnev V V, Uralov A M, Slemzin V A, et al. Absorption phenomena and a probable blast wave in the 13 July 2004 eruptive event. Sol. Phys., 2008, 253(1-2): 263 ~ 290

[104] Pomoell J, Vainio R, Kissmann R. MHD modeling of coronal large-amplitude waves related to CME lift-off. Sol. Phys., 2008, 253(1-2): 249 ~ 261

[105] Zhukov A N, Auchère F. On the nature of EIT waves, EUV dimmings and their link to CMEs. A&A, 2004, 427: 705 ~ 716

[106] Mandrini C H, Nakwacki M S, Attrill G, et al. Are CME-related dimmings always a simple signature of interplanetary magnetic cloud footpoints? Sol. Phys., 2007, 244(1-2): 25 ~ 43

[107] Cohen O, Attrill G D R, Ward IV, et al. Numerical simulation of an EUV coronal wave based on the 2009 February 13 CME event observed by STEREO. ApJ, 2009, 705: 587 ~ 602

[108] Moore R L, Sterling A C, Suess S T. The width of a solar coronal mass ejection and the source of the driving magnetic explosion: a test of the standard scenario for CME production. ApJ, 2007, 668: 1221 ~ 1231

[109] Delannée C. The role of small versus large scale magnetic topologies in global waves. A&A, 2009, 495(2): 571 ~ 575

[110] Rust D M. Coronal disturbances and their terrestrial effects. Space Sci. Rev., 1983, 34: 21 ~ 36

[111] Webb D F, Lepping R P, Burlaga L F, et al. The origin and development of the May 1997 magnetic cloud. Geophys. Res., 2000, 105(A12): 27251 ~ 27260

[112] Harra L K, Sterling A C. Material outflows from coronal intensity "dimming regions" during coronal mass ejection onset. ApJ, 2001, 561(2): L215 ~ L218

[113] Mandrini C H, Pohjolainen S, Dasso S, et al. Interplanetary flux rope ejected from an X-ray bright point. The smallest magnetic cloud source-region ever observed. A&A, 2005, 434(2): 725 ~ 740

[114] Attrill G, Nakwacki M S, Harra L K, et al. Using the evolution of coronal dimming regions to probe the global magnetic field topology. Sol. Phys., 2006, 238(1): 117 ∼ 139

[115] Harra L K, Hara H, Imada S, et al. Coronal dimming observed with Hinode: Outflows related to a coronal mass ejection. PASJ, 2007, 59: S801 ∼ S806

[116] Imada S, Hara H, Watanabe T, et al. Discovery of a temperature-dependent upflow in the plage region during a gradual phase of the X-class flare. PASJ, 2007, 59: S793 ∼ S799

[117] McIntosh S W, Leamon R J, Davey A R, et al. The posteruptive evolution of a coronal dimming. ApJ, 2007, 660(2): 1653 ∼ 1659

[118] Wen Y, Wang J, Maia D J F, et al. Spatial and temporal scales of coronal magnetic restructuring in the development of coronal mass ejections. Sol. Phys., 2006, 239(1-2): 257 ∼ 276

[119] Sterling A C, Hudson H S. YOHKOH SXT observations of X-ray "dimming" associated with a halo coronal mass ejection. ApJ, 1997, 491: L55

[120] Crooker N U, Webb D F. Remote sensing of the solar site of interchange reconnection associated with the May 1997 magnetic cloud. Journal of Geophysical Research (Space Physics), 2006, 111: A08108

[121] Linker J, Mikic Z, Riley P, et al. Understanding eruptive phenomena with thermodynamic MHD simulations. 37th COSPAR Scientific Assembly, 2008, 37: 1786

[122] Török T, Kliem B. The evolution of twisting coronal magnetic flux tubes. A&A, 2003, 406: 1043 ∼ 1059

[123] Krasnoselskikh V, Podladchikova O. Are EIT waves slow mode blast waves? AGU Fall Meeting Abstracts, 2007, A1047

[124] Lin J, Forbes T G, Isenberg P A, et al. The Effect of curvature on flux-rope models of coronal mass ejections. ApJ, 1998, 504: 1006

[125] Lin J. Observational features of large-scale structures as revealed by the catastrophe model of solar eruptions. ChJAA, 2007, 7: 457

[126] Robbrecht E, Berghmans D, van der Linden R A M. Automated LASCO CME catalog for solar cycle 23: Are CMEs scale invariant? ApJ, 2009, 691: 1222

[127] Jiang Y C, Ji H S, Wang H M, et al. Hα Dimmings associated with the X1.6 flare and Halo coronal mass ejection on 2001 October 19. ApJ, 2003, 597: L161

[128] Harra L K, Sterling A C. Imaging and spectroscopic investigations of a solar coronal wave: Properties of the wave front and associated erupting material. ApJ, 2003, 587: 429

[129] Lin J, Forbes T G. Effects of reconnection on the coronal mass ejection process. J. Geophys. Res., 2000, 105: 2375

[130] Lin J. Energetics and propagation of coronal mass ejections in different plasma en-

vironments. ChJAA, 2002, 2: 539

[131] Žic T, Vršnak B, Temmer M, et al. Cylindrical and spherical pistons as drivers of MHD shocks. Sol. Phys., 2008, 253(1-2): 237 ~ 247

[132] Downs C, Roussev I I, van der Holst B, et al. Studying extreme ultraviolet wave transients with a digital laboratory: Direct comparison of extreme ultraviolet wave observations to global magnetohydrodynamic simulations. ApJ, 2011, 728(1): 2

[133] Klassen A, Aurass H, Mann G, et al. Catalogue of the 1997 SOHO-EIT coronal transient waves and associated type II radio burst spectra. A&AS, 2000, 141: 357 ~ 369

[134] Pohjolainen S, Maia D, Pick M, et al. On-the-disk development of the halo coronal mass ejection on 1998 May 2. ApJ, 2001, 556(1): 421 ~ 431

[135] Khan J I, Aurass H. X-ray observations of a large-scale solar coronal shock wave. ApJ, 2002, 383: 1018 ~ 1031

[136] Gopalswamy N, Nitta N, Akiyama S, et al. Coronal magnetic field measurement from EUV images made by the Solar Dynamics Observatory. ApJ, 2012, 744(1): 72

[137] Vourlidas A, Patsourakos S, Kouloumvakos T. EUV imaging of shock formation in the low corona with SDO/AIA. Bulletin of the American Astronomical Society, 2011, 43: 907

[138] Gary D E, Dulk G A, House L, et al. Type II bursts, shock waves, and coronal transients - The event of 1980 June 29, 0233 UT. A&A, 1984, 134(2): 222 ~ 233

[139] Berghmans D, Hochedez J F, Defise J M, et al. SWAP onboard PROBA 2, a new EUV imager for solar monitoring. Advances in Space Research, 2006, 38(8): 1807 ~ 1811

[140] Rouillard A P, Odstrčil D, Sheeley N R, et al. Interpreting the properties of solar energetic particle events by using combined imaging and modeling of interplanetary shocks. ApJ, 2011, 735(1): 7

[141] Rouillard A P, Sheeley N R, Tylka A, et al. The longitudinal properties of a solar energetic particle event investigated using modern solar imaging. ApJ, 2012, 752(1): 44

[142] Wang Y M. EIT waves and fast-mode propagation in the solar corona. ApJ, 2000, 543(1): L89 ~ L93

[143] Vršnak B, Cliver E W. Origin of coronal shock waves. invited review. Sol. Phys., 2008, 253(1-2): 215 ~ 235

[144] Asai A, Ishii T T, Isobe H, et al. First simultaneous observation of an Hα Moreton wave, EUV wave, and filament/prominence oscillations. ApJ, 2012, 745(2): L18

[145] Aschwanden W, Schrijver C J. Coronal loop oscillations observed with atmospheric imaging assembly-kink mode with cross-sectional and density oscillations. ApJ, 2011, 736(2): 102

[146] Schwenn R. Space weather: The solar perspective. Living Rev. Solar Phys., 2006, 3(1): 1-72

[147] Nitta N V, Schrijver C J, Title A M, et al. Large-scale coronal propagating fronts in solar eruptions as observed by the atmospheric imaging assembly on board the solar dynamics observatory—an ensemble study. ApJ, 2013, 776: 58

[148] Liu W, Title A M, Zhao J, et al. Direct imaging of quasi-periodic fast propagating waves of 2000 km s^{-1} in the low solar corona by the solar dynamics observatory atmospheric imaging assembly. ApJ, 2011, 736(1): L13

[149] Zheng R S, Jiang Y C, Hong J C, et al. A possible detection of a fast-mode extreme ultraviolet wave associated with a mini coronal mass ejection observed by the solar dynamics observatory. ApJ, 2011, 739(2): L39

[150] Gallagher P T, Long D M. Large-scale bright fronts in the solar corona: A review of "EIT waves". Space Sci. Rev., 2011, 158(2-4): 365 ~ 396

[151] Zhukov A N. EIT wave observations and modeling in the STEREO era. Journal of Atmospheric and Solar-Terrestrial Physics, 2011, 73(10): 1096 ~ 1116

[152] Patsourakos S, Vourlidas A. On the nature and genesis of EUV waves: A synthesis of observations from SOHO, STEREO, SDO, and Hinode (Invited Review). Sol. Phys., 2012, 281(1): 187 ~ 222

[153] Yang L H, Zhang J, Liu W, et al. SDO/AIA and Hinode/EIS observations of interaction between an EUV wave and active region loops. ApJ, 2013, 775(1): 39 ~ 50

[154] Sittler E C Jr, Guhathakurta M. Semiempirical two-dimensional magnetohydrodynamic model of the solar corona and interplanetary medium. ApJ, 1999, 523(2): 812 ~ 826

[155] Mei Z X, Udo Z, Lin J. Numerical experiments of disturbance to the solar atmosphere caused by eruptions. ScChG, 2012, 55: 1316

[156] Forbes T G. Numerical simulation of a catastrophe model for coronal mass ejections. Journal of Geophysical Research Space Physics, 1990, 95: 11919

[157] Handy B N, Acton L W, Kankelborg C C, et al. The transition region and coronal explorer. Sol. Phys., 1999, 187(2): 229 ~ 260

[158] Pohjolainen S, Maia D, Pick M, et al. On-the-disk development of the halo coronal mass ejection on 1998 May 2. ApJ, 2001, 556(1): 421 ~ 431

[159] Pomoell J, Vainio R, Kissmann R. MHD modeling of coronal large-amplitude waves related to CME lift-off. Sol. Phys., 2008, 253(1-2): 249 ~ 261

[160] Forbes T G, Isenberg P A. A catastrophe mechanism for coronal mass ejections. ApJ, 1991, 373: 294

[161] Forbes T G, Priest E R. Photospheric magnetic field evolution and eruptive flares. ApJ, 1995, 446: 377 ~ 389

[162] Isenberg P A, Forbes T G, Demoulin P. Catastrophic evolution of a force-free flux rope: A model for eruptive flares. ApJ, 1993, 417: 368

[163] Forbes T G. A review on the genesis of coronal mass ejections. J. Geophys. Res., 2000, 105: 23153 ～ 23166

[164] Lin J, Mancuso S, Vourlidas A. Theoretical investigation of the onsets of type II radio bursts during solar eruptions. ApJ, 2006, 649: 1110

[165] Mackay D H, van Ballegooijen A A. Models of the large-scale corona. I. formation, evolution, and liftoff of magnetic flux ropes. ApJ, 2006, 641: 577

[166] Liu W, Ofman L, Nitta N V, et al. Quasi-periodic fast-mode wave trains within a global EUV wave and sequential transverse oscillations detected by SDO/AIA. ApJ, 2012, 753(1): 52

[167] Shen Y D, Liu Y. Evidence for the wave nature of an extreme ultraviolet wave observed by the atmospheric imaging assembly on board the solar dynamics observatory. ApJ, 2012, 754(1): 7

[168] Okamoto T J, Nakai H, Keiyama A, et al. Filament oscillations and Moreton waves associated with EIT waves. ApJ, 2004, 608(2): 1124 ～ 1132

[169] Hershaw J, Foullon C, Nakariakov V M, et al. Damped large amplitude transverse oscillations in an EUV solar prominence, triggered by large-scale transient coronal waves. A&A, 2011, 531: A53

[170] Gilbert H R, Daou A G, Young D, et al. The filament-Moreton wave interaction of 2006 December 6. ApJ, 2008, 685(1): 629 ～ 645

[171] Harra L K, Sterling A C, Gömöry P, et al. Spectroscopic observations of a coronal moreton wave. ApJ, 2011, 737(1): L4

[172] Veronig A M, Gömöry P, Kienreich L W, et al. Plasma diagnostics of an EIT wave observed by Hinode/EIS and SDO/AIA. ApJ, 2011, 743: L10

[173] Freeland S L, Handy B N. Data analysis with the SolarSoft system. Sol. Phys., 1998, 182(2): 497 ～ 500

[174] Dere K P, Landi E, Mason H E, et al. CHIANTI-an atomic database for emission lines. A&AS, 1997, 125: 149 ～ 173

[175] Muhr N, Veronig A M, Kienreich I W, et al. Analysis of characteristic parameters of large-scale coronal waves observed by the Solar-Terrestrial Relations Observatory/Extreme Ultraviolet Imager. ApJ, 2011, 739(2): 89

[176] Warmuth A, Mann G. Kinematical evidence for physically different classes of large-scale coronal EUV waves. A&A, 2011, 532: A151

[177] De Moortel I, Ireland J, Walsh R W. Observation of oscillations in coronal loops. A&A, 2000, 355: L23 ～ L26

[178] McIntosh S W, De Pontieu B. Observing episodic coronal heating events rooted in chromospheric activity. ApJ, 2009, 706: L80 ～ L85

[179] Tian H, McIntosh S W, De Pontieu B, et al. Two components of the solar coronal emission revealed by extreme-ultraviolet spectroscopic observations. ApJ, 2011, 738(1): 18

[180] Ofman L, Wang T J, Davila J M. Using the moon as a high-fidelity analogue environment to study biological and behavioral effects of long-duration space exploration. ApJ, 2012, 74(1): 111 ～ 120

[181] West M J, Zhukov A N, Dolla L, et al. Coronal seismology using EIT waves: estimation of the coronal magnetic field strength in the quiet sun. ApJ, 2011, 730(2): 122

[182] Long D M, Williams D R, Régnier S, et al. Measuring the magnetic field strength of the quiet solar corona using "EIT Waves". Sol. Phys., 2013, 288: 567

[183] Wang H J, Liu S Q, Gong J C, et al, Contribution of velocity vortices and fast shock reflection and reflection of the formation of EUV waves in solar eruptions. ApJ, 2015, 805(2): 114 ～ 127

[184] Wang H J, Liu S Q, Gong J C, et al. Numerical experiments on the evolution in coronal magnetic configurations including a filament in response to the change in the photosphere. RAA, 2015, 15(3): 363

编 后 记

  《博士后文库》(以下简称《文库》) 是汇集自然科学领域博士后研究人员优秀学术成果的系列丛书。《文库》致力于打造专属于博士后学术创新的旗舰品牌, 营造博士后百花齐放的学术氛围, 提升博士后优秀成果的学术和社会影响力。

  《文库》出版资助工作开展以来, 得到了全国博士后管委会办公室、中国博士后科学基金会、中国科学院、科学出版社等有关单位领导的大力支持, 众多热心博士后事业的专家学者给予积极的建议, 工作人员做了大量艰苦细致的工作。在此, 我们一并表示感谢!

《博士后文库》编委会

彩　　图

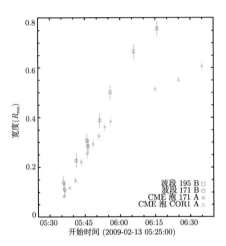

图 1.7　日面观测的 EUV 波 (红色符号) 和边缘观测的与该波相关的白光 CME(绿色符号) 的
距离–时间曲线，该事件发生于 2009 年 2 月 13 日

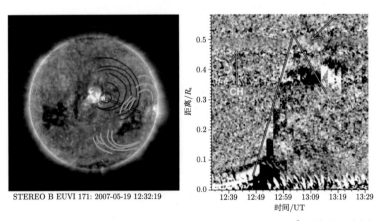

图 1.11　左图：不同时刻的波前叠加到 STEREO/EUVI 171 Å图像的示意图。主波
(红色) 和反射波 (绿色) 被区分开，黑色矩形狭缝用来研究右图的波运动。右图：通过堆栈
不同时刻矩形狭缝内的EUV 相减像得到的距离-时间切片，注意反射发生在 13:00 UT(如箭头
所示)

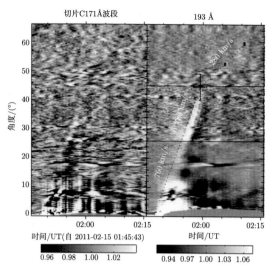

图 1.12　波反射和透射的 AIA-EUVI 联合观测。沿发生于 2011 年 2 月 15 日的 EUV 波的一个给定方向的时间-角度图。红点线是波的地面轨迹,两条水平红线定义了一个冕洞

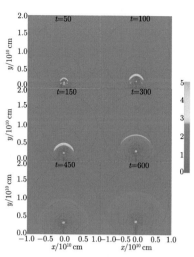

图 3.2　密度与磁力线随时间的演化
有颜色部分代表着密度分布,实线代表的是磁力线。颜色棒中所表示的单位是
1.67×10^{-12} kg·m^{-3},时间以秒为单位

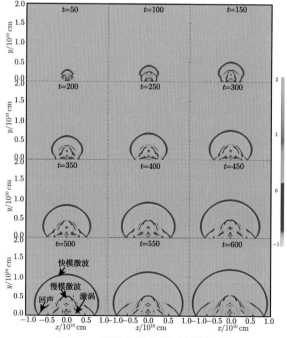

图 3.6　速度的散度随时间的演化
右边的颜色棒表示速度散度大小分布情况,时间以秒为单位

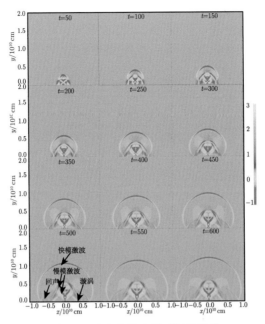

图 3.9   速度的旋度随时间的演化

右边的颜色棒表示速度旋度大小分布情况, 时间以秒为单位

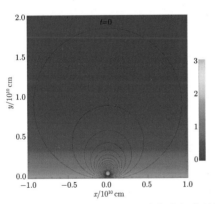

图 4.3   背景场是等温大气时, 磁力线与背景场
密度的初始分布

实线代表的是磁力线, 有颜色部代表的是背景场密
度分布; 右边的颜色棒表示密度大小分布情况

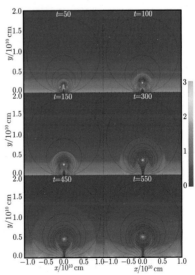

图 4.4   背景场是等温大气时, 爆发过程中等离
子体密度与磁场随时间的演化

颜色部分代表密度分布, 实线代表的是磁力线; 右边
的颜色棒表示密度大小分布情况, 时间以秒为单位

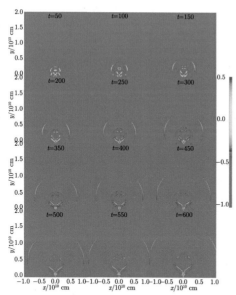

图 4.12 背景场是等温大气时, 爆发过程中,
速度旋度 ($\nabla \times v$) 随时间的演化

右边的颜色棒表示速度旋度大小分布情况, 时间以秒

为单位

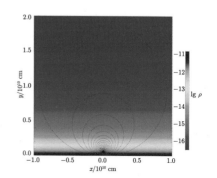

图 5.1 $t = 0\,\mathrm{s}$ 时, 初始磁力线与密度分布, 右
边是密度大小对应的颜色棒

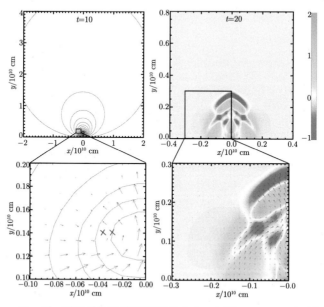

图 5.2 左图: $t = 10\,\mathrm{s}$ 时, 磁场结构及速度流场的分布; 右图: $t = 20\,\mathrm{s}$ 时, 速度散度及速度流
场的分布; 下图是方形区域的放大部分

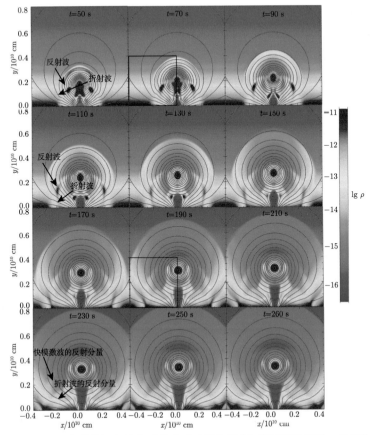

图 5.5　磁场位形 (黑色曲线) 和等离子体密度 (彩色部分) 随时间的演化, 左侧为等离子体
密度大小对应的颜色棒

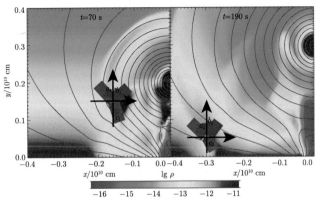

图 5.6　磁场位形 (黑色曲线) 和等离子体密度 (彩色部分) 在两个不同时刻的分布

a_1,b_1,c_1 及 a_2,b_2,c_2 分别是在两个时刻下, 入射角、反射角和折射角; 下侧为等离子体密度的颜色棒

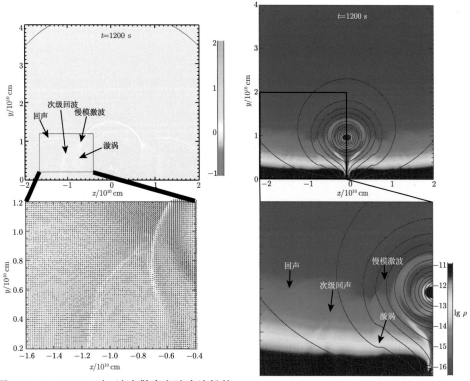

图 5.9 $t = 1200$ s 时，速度散度和速度流场的
分布

图 5.11 $t = 1200$ s 时，等离子体密度 (彩色部
分) 和磁场位形分布 (黑色部分)，右为等离子
体密度大小对应的颜色棒

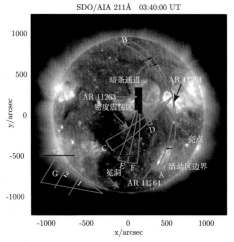

图 6.1 SDO/AIA 211 Å全日面图像，叠加了 6 个 10° 宽扇区和一个三角区用来得到
图5.3∼ 图 5.6 的时空切片图

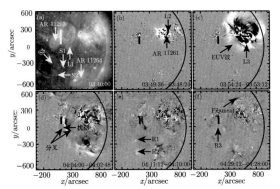

图 6.2　SDO/AIA 211 Å 原始 (a) 和运行相减像 ((b)~(f)) 给出 EUV 波的传播

(a) 中的白框代表 Hinode/EIS 谱狭缝；(b)~(f) 中的黑框标记出图 6.7 的视场。"L1" 代表连接活动区 11261 和活动区 11263 的环；"L2" 和 "L3" 是 EUV 波传播过程中的膨胀环；"S1""S2" 和 "S3" 代表产生反射波的三个日冕结构；"R1""R2" 和 "R3" 代表三个反射波。(b)~(f) 中的黑色曲线标记出日面边缘，图像的视场大小是 $1380'' \times 1380''$

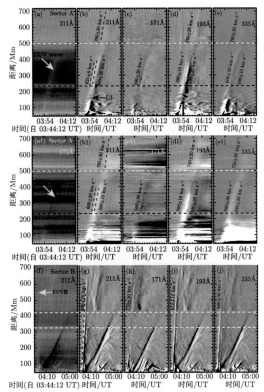

图 6.3　在 211 Å、171 Å、193 Å 和 335 Å 波段沿扇区 "A" 和 "B" 的原始 ((a) 和 (f))，固定相减((b1)~(e1)) 和运行相减 ((b)~(e) 和 (g)~(j)) 时空切片图。(a1) 给出了 171 Å 波段沿扇区 "A" 的时空切片图，"L3" 代表 EUV 波传播过程中的膨胀环

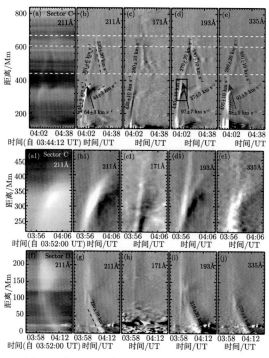

图 6.4 在 211 Å、171 Å、193 Å和 335 Å波段沿扇区 "C" 和 "D" 的原始 (第 1 列) 和运行
相减(第 2~5 列) 时空切片图。(d) 中的黑框给出了 (a1)~(e1) 的视场

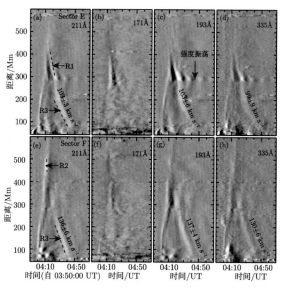

图 6.5 在 211 Å、171 Å、193 Å和 335 Å波段沿扇区 "E" 和 "F" 的运行相减时空切片图